海洋能开发利用标准分析及标准战略研究

李　健　编著

海洋出版社

2021年·北京

图书在版编目(CIP)数据

海洋能开发利用标准分析及标准战略研究 / 李健编著. -- 北京：海洋出版社，2021.1

ISBN 978-7-5210-0718-3

Ⅰ. ①海… Ⅱ. ①李… Ⅲ. ①海洋动力资源-资源开发-技术标准-研究-中国②海洋动力资源-资源利用-技术标准-研究-中国 Ⅳ. ①P743-65

中国版本图书馆 CIP 数据核字(2021)第 006027 号

责任编辑：苏 勤

责任印制：赵麟苏

海洋出版社 出版发行

http://www.oceanpress.com.cn

北京市海淀区大慧寺路 8 号 邮编：100081

北京朝阳印刷厂有限责任公司印刷 新华书店经销

2021 年 1 月第 1 版 2021 年 1 月北京第 1 次印刷

开本：787 mm×1 092 mm 1/16 印张：11

字数：260 千字 定价：118.00 元

发行部：010-62132549 邮购部：010-68038093 总编室：010-62114335

前　言

海洋能作为一种战略性新型可再生能源，自2010年我国设立海洋可再生能源专项资金项目以来在国内得到快速发展。目前，我国海洋能发电装置的研发技术已相对成熟，多数海洋能专项资金项目也已完成了海上应用示范，部分波浪能和潮流能发电装置的技术指标已达到国际先进水平，海洋能发电装置的技术状态正在由“能发电”“稳定发电”向“规模化发电”过渡。标准作为技术的高度总结和概括，具备在一定程度上推动相关产业发展的作用。但就目前来说，我国的海洋能标准无论是在标准的数量还是在标准的技术内容上都与国际标准存在一定的差异，尤其是在标准的技术内容方面。国际电工委员会（International Electrotechnical Commission，IEC）发布的海洋能标准涉及术语、资源评估、装置测试、电力性能评估、环境保护等多个领域，而我国现行的海洋能标准多数集中在基础通用类、资源评估类方面，其他领域的标准较少甚至空白，无法对海洋能产业的发展提供充分的标准支撑。

本书在国家重点研发计划“波浪能、潮流能技术综合评估方法合作研究”（项目编号2019YFE0102500）及2020年海洋能专项项目“海洋可再生能源发展”的支持下，通过分析国内外现行的海洋能标准现状、技术内容和政策规划特点，开展了我国海洋能开发利用标准体系的优化研究，提出了一种对海洋能开发利用标准体系的定量评价方法，并对未来海洋能开发利用标准的发展方向和战略规划提出了意见和建议，为从事海洋能标准化的科研人员提供了资料补充。

本书由国家海洋技术中心李健编著。感谢国家海洋技术中心杨立研究员对本书提出的宝贵意见；感谢国家海洋技术中心能源室王海峰副主任、王冀，战略室路宽、李晶，质检室邱泓茗副主任、徐红瑞、马晓琨对本书的支持和鼓励；同时感谢国家海洋技术中心麻常雷高工、哈尔滨工程大学（威海）周旭老师对本书的材料支持。

由于编者能力有限，书中内容存在的疏忽纰漏，恳请读者批评指正。

李　健

2020 年 7 月于天津

目　　录

1 海洋能概述

海洋能作为一种战略性资源已经得到国际上的普遍认同，无论是承担更多碳减排责任的传统海洋强国，还是能源需求增长迅速的新兴国家，抑或是受全球变暖威胁最大的小岛屿发展中国家，都对海洋可再生能源的开发利用表现出浓厚兴趣。虽然受到全球经济环境的影响以及部分技术瓶颈的限制，海洋能的发展在近一段时间低于人们的预期，但因其巨大的开发潜力，目前国际社会对海洋能仍然持续保持高度的关注。本章主要对海洋能的定义、海洋能的分类进行概述。

1.1 引　言

海洋能是依附于海水水体的可再生自然能源。我国有着 300×10^4 km^2的广阔海域以及 1.8×10^4 km 的绵长海岸线，蕴藏着非常丰富的海洋能资源。当今，陆地矿物燃料日趋枯竭，污染日趋严重，能源安全问题和能源环境问题越来越成为国际社会高度关注的问题。各国科学家都在努力研究、开发利用新的能源，世界上一些主要的海洋国家已纷纷把目光转向海洋。海洋是一个庞大的蓄能库，只要有海水存在，海洋能就永远不会枯竭，所以人们常说海洋能是取之不尽用之不竭的新能源。开发海洋能不会产生废水、废气，也不会占用大片良田，更没有辐射污染。因此，海洋能被称为 21 世纪的绿色能源，被许多能源专家看好。如今越来越多的国际知名企业进军海洋能开发利用领域，加快开发利用海洋能已经成为世界沿海国家和地区的普遍共识。我国在海洋能专项资金的支持下，自主研发了 50 余项海洋能新技术、新装置，多种装置向装备化、实用化发展，部分技术指标达到了国际先进水平，形成了一定的市场规模；与国际能源署（International Energy Agency，IEA）、国际电工委员会（International Electrotechnical Commission，

IEC）下属的海洋能——波浪能、潮流能和其他水流能转换设备技术委员会等国际组织建立了联系。国家发展和改革委员会与国家海洋局联合制定发布的《“一带一路”建设海上合作设想》提出“深化可再生能源领域的合作”，对海洋可再生能源领域国际合作提出了更高的要求。通过开展合作策略的研究，分析“引进来”和“走出去”的优势技术和优势产能，对推动我国海洋可再生能源产业的技术进步、促进区域开放合作具有重要意义。

海洋能依据能量储存方式的不同，可以分为潮汐能、潮流能、波浪能、温差能和盐差能等自然资源，全世界的潮汐能约为 27×10^{8} kW，潮流能约为 50×10^{8} kW，波浪能约为 25×10^{8} kW，温差能约为 20×10^{8} kW，盐差能约为 26×10^{8} kW。目前，海洋能产业已初具雏形。潮汐能的开发技术相对成熟，已经并网发电并处于技术经济评价和工程建设阶段；波浪能、潮流能已完成样机研制，浙江舟山联合动能新能源开发有限公司研制的 LHD 林东模块化潮流能发动机组已完成第三方测试，初步具备并网发电能力；温差能、盐差能正处于原理研究阶段。

1.2 潮汐能

潮汐现象是海水在一定时间内作有规律的涨落运动，是月亮、太阳对地球上海水的吸引力和地球自转而引起海水周期性、有节奏的垂直涨落现象。在涨潮过程中，月亮或太阳的引力增大，推动海水水位升高，把大量的海水动能转换为势能；在落潮过程中，月亮或太阳的引力减小，水位逐渐降低，大量的势能转换为动能。潮水在涨潮和落潮间产生的动能和势能称为潮汐能。潮汐能的开发利用主要是基于建筑拦坝，利用潮水的涨落推动水轮机组发电。在所有的海洋能开发利用技术中，潮汐能发电是最为成熟的。在具备潮汐发电的港湾或河口修建潮汐水库，当海面的水位上升时给水库蓄水，当海面水位下降时，水库的水位与海面的水位形成一定的垂直位置差，坝口的水轮机在受到海水势能的冲击驱动下发电。潮汐能电站有 3 种形式：单库单向电站；单库双向电站；双库双向电站。

潮汐能电站是利用潮汐现象发电的一种水力发电站。1912 年，德国北海海岸胡苏姆建立了世界上第一个小型潮汐发电站，1957 年，我国山东建成了第一座潮汐能电站。目前世界上已经建立了几座容量达到兆瓦级的商业电站，如韩国的始华湖潮汐能发电站，法国的朗斯潮汐能发电站以及加拿大的安纳波利斯电站等，还有一些即将建设的潮汐能电站正在开展建设和可行性分析研究。我国的潮汐能研发起步于20世纪50—60年代，但受经验水平、技术能力、建设装备及经济条件等多方面原因的限制，初期兴建的潮汐能电站多数夭折。至80年代，我国在浙江温岭南郊建设的江厦电站，总装机容量3 900 kW，1980年第一台机组发电，2007年江厦潮汐电站完成了最后一台机组的安装。我国自行设计制造的单机容量2.6×10^4 kW的潮汐发电机组能够抵御恶劣的海洋环境，突破了低水头大功率潮汐发电机组的设计和制造技术，基本达到商业化程度。

1.3 潮流能

潮流是伴随潮汐发生的水团运动，是指大范围的海水朝着一定的方向作有规律流动的现象。潮流的运动包括水平运动和垂直运动，其运动的原因主要是由涨潮或落潮引起的。虽然短期的天气情况会对潮流产生微弱的影响，但是潮流发生的时间和幅度基本不受地域天气的影响，具有很高的可预测性。潮流能发电装置是依靠潮流推动水轮发电机进行发电的。按照工作原理可分为水平轴、垂直轴、振荡式等；按照安装载体可分为固定式、漂浮式、坐底式等类型。

潮流能发电是目前海洋能开发利用中较为成熟的发电技术。1985年春，美国OEK公司设计建造了1台20 kW的三叶片潮流能发电装置，在纽约东河上开展了试验；1994年，英国IT动力公司设计了一款双叶片潮流能发电装置，叶片直径为3.5 m，当流速为2.5 m/s时，发电输出功率可达15 kW；1996年，英国MCT公司推行了“水下风车”项目商业运行计划，至2003年已研制完成1台300 kW的实验装置ScaFlow并在英国西海岸运行，发出的电力已通过电缆与国家电网相连。我国潮流能发电技术发展迅速，如哈尔滨工程大学研建的“万向I”号70 kW潮流能发电装置，“十五规划”“863计划”支持的哈尔滨工程大学40 kW垂直轴潮流能发电装置、东北师范大学1 kW水平轴潮流能发电装置等。自海洋能专项资金设立以来，哈尔滨大电机研究所、中国海洋大学、国电联合动力、大连理工大学等一批国内知名企业、高校也开展了潮流能开发利用技术的研究，拓宽了潮流能开发利用技术的应用前景。

1.4 波浪能

波浪能是以动能形态出现的海洋能，利用波浪能发电，既不产生污染，也不会消耗任何非可再生燃料和资源，适用于为那些无法铺设电线的离岸岛屿或海洋漂浮观测设备供电。目前波浪能开发利用技术主要有3种：①利用海洋波浪运动所产生的空气流或者水流带动汽轮机或水轮机转动，从而带动电机发电；②利用波浪能发电装置前后或上下摆动产生的空气流或水流，带动汽轮机或水轮机发电；③通过波浪作用，将海水引入高位水池储存起来利用势能驱动水轮机发电。波浪能发电按照能量传递方式的不同可分为振荡水柱式、筏式、点吸收式、鸭式、摆式等；按安装位置可以分为近岸式和离岸式。

波浪能发电装置的应用可以追溯到20世纪初期，1910年法国建造了一套气动式波浪能发电装置，为一户居民提供了1 kW的电力；1960年日本发明了为导航灯供电的汽轮机波浪能发电装置并获得推广，成为首个商业化的波浪能发电装置；1978年日本建造了一艘长80 m、宽12 m、高5.5 m的“海明”号波浪能发电船，该船有22个底部敞开的气室，每两个气室可装设1台额定功率为125 kW的汽轮机发电机组，总装机容量为1 250 kW。1978—1986年，日本、美国、英国、加拿大、爱尔兰5国合作，先后3次对“海明”号进行了波浪能发电装置海试。我国的波浪能发电装置研制起步于20世纪80年代，目前从事波浪能发电装置研究的科研机构已有十几家。经过30多年的研究，我国波浪能发电技术已得到快速提高，气动式航标灯微型波浪能发电装置已推广到数百台航标和大型灯船使用；中国科学院广州能源研究所在珠江口大万山岛屿建设的3 kW岸基式波浪能发电站发电成功，20 kW岸式波浪能试验电站和5 kW波浪能发电船完成研建；2008年在国家海洋局和科技部“十一五”国家科技支撑计划支持下，我国启动了两项装机容量在百千兆瓦级的示范试验电站的研建工作。在发电装置海上应用示范方面，100 kW离岸摆式发电装置在山东即墨大管岛开展海试，中国科学院广州能源研究所的 100 kW 鸭式漂浮波浪能发电装置也在广东万山海域完成海试。

1.5 温差能

温差能是一种以表层和底层海水温度差的形式储存的海洋热能。温差能能量的主要来源是太阳能的热辐射，海洋接收的太阳能量中有 15%左右作为热能储存在海洋中，海面到水深 60 m 左右的表层海水一般温度为 25~27℃；由于太阳辐射减弱，水深 60~300 m 的中层海水的温度随深度变化剧烈；300 m 以下的深层海水因常年得不到阳光照射，温度降低到 4℃左右。一般来说，海水温差最小要有 20℃的差距才能稳定发电，古巴、印度尼西亚和我国南海等低纬度地区是温差能利用的理想场所。温差能除了可以应用在发电领域，还具有海水淡化、海水养殖以及制氢等多方面用途。

温差能的概念是一个多世纪以前提出的，但是在最近 40 年才获得技术进展。1881 年法国物理学家阿松瓦尔在世界上首次提出了温差能发电的设想；1929 年他的学生法国工程师克劳德证实了温差能发电的可能性，并于次年在古巴建立了世界上第一座温差能发电站，获得了 10 kW 的电量；1979 年美国在夏威夷岛附近海域建立了第一座具有实际应用意义的温差能发电装置。该装置采用氨作为工作介质，发电功率为 50 kW；1980 年我国台湾的电力公司曾计划将核电厂释放的热能和海洋温差能发电并用，选取了花莲、台东等海域开展了联合研究；1985 年中国科学院广州能源研究所利用“雾滴提升循环”方法开展研究，通过理论计算当温度从 20℃降低到 7℃时海水释放的热能可以将海水提升到 125 m 的高度，再通过水轮机发电，1989 年完成了“雾滴提升循环”试验台，装机容量为 10 W 和 60 W；1993 年美国在夏威夷建立开式循环试验装置，发电功率为 210 kW，实际产出功率为 40~50 kW，并可产生淡水；2004—2005 年我国天津大学完成了对混合式海洋温差能的利用研究，并对小型化试验用 200 W 氨饱和蒸汽透平进行了开发。

1.6 盐差能

盐差能是一种利用海水和淡水间的电势能产生的能量。其原理是当两种不同浓度的盐溶液混合时，盐浓度高的盐类离子会向盐浓度低的溶液中移动，直到两种溶液的浓度相同。盐差能就是利用这种特性产生的化学电位差并将其转化为电能发电。目前盐差能的开发还处于实验室研究阶段，距海上示范、并网发电的实际利用还有很长的距离。

盐差能的研发相对于其他海洋能的研发起步更晚，其中美国和以色列在盐差能研发上处于领先地位，我国及瑞典、日本等国近几年也开展了相应的研究。20世纪70—80年代，以色列和美国对水压塔和强力渗透系统进行了试验研究，目前以色列建造的150 kW盐差能发电装置是当前装机容量最大的盐差能装置；1985年我国西安冶金建筑学院的流体力学研究所采用了半渗透膜式原理研发的盐差能发电装置产生的电量仅有0.9~1.2 W(膜面积14 m^2)；中国海洋大学开展的“盐差能发电技术研究与试验”，设计盐差能发电装置装机功率不低于100 W。

2　海洋能开发利用的发展和现状

海洋能作为一种可再生的自然资源，具有绿色、环保、可循环利用的特点，得到全球越来越多国家的关注和发展。本章主要介绍国内外海洋能开发利用的战略规划和技术特点。

2.1　国外海洋能开发利用的战略规划

海洋能的开发利用潜力巨大，根据国际能源署（International Energy Agency，IEA）海洋能系统技术合作计划最新发布的海洋能国际愿景，到2050年，海洋能将创造直接就业机会68×10^5个，减排二氧化碳5×10^8 t，总装机规模超过300×10^6 W，总投资将达350亿美元。

2.1.1　IEA OES

2001年，国际能源署（IEA）创建了海洋能源系统实施协议（Ocean Energy System-Implementation Agreement，OES-IA）。该协议最初由英国、丹麦、葡萄牙3国发起，目的是开发欧洲北海海域的潮流能、波浪能资源，创建国际潮流能、波浪能应用技术联合合作机制，并开展了“海洋能系统信息回顾、交流与宣传”“海洋能系统测试与评估经验”“海洋能电站并网”“波浪能、潮流能系统环境影响评价与监测”“海洋能装置计划信息与经验的交流与评估”5个工作组工作计划。2016年IEA将OES-IA更名为OES-TCP（Technology Collaboration Program），以便于更加直观地了解IEA能源协议的实施内容。截至2017年年底，OES成员共有25个，包括葡萄牙、丹麦、英国、日本、爱尔兰、加拿大、美国、比利时、德国、挪威、墨西哥、西班牙、意大利、新西兰、瑞典、南非、韩国、中国、尼日利亚、摩纳哥、新加坡、荷兰等。

2011年6月，OES发布了“海洋能系统开发利用5年计划”。该计划围绕高质量信息、加强沟通、有效组织、经验分享4个关键点展开，包括以下几个主要内容。

(1)鼓励并支持OES成员积极开展设备研制、样机测试和布放、相关政策共享等工作，为国际间各国海洋能合作提供基础。

(2)遵循可持续开发的理念，制定海洋能开发利用相应的政策和内容。

(3)加强各国之间的协议与合作，推动各国间海洋能技术发展，解决技术壁垒，建立海洋能开发利用技术共享机制。

(4)提供海洋能开发利用基础信息源，为海洋能技术开发、政策制定、大众宣传提供依据。

(5)促进与推动海洋能开发利用标准、规范、规程相统一。

2011年，OES发布了《国际海洋能源愿景》报告。该报告认为当前潮流能和波浪能技术已经得到世界的广泛关注，并且分析了潮汐能、潮流能、波浪能、温差能、盐差能技术的不同以及未来海洋能市场的技术需求。

2012年12月，欧洲海洋能协会发布了《欧洲海洋能路线图(2010—2050年)》，提出了欧洲未来发展海洋能的一系列步骤。随着该步骤的不断实施，将有助于促进欧洲海洋能资源的开发与利用。

2015年5月，OES发布了《国际海洋能技术均化成本》报告，分析了潮流能、波浪能和温差能的技术发展方向和均化发电成本。该报告认为，目前国际海洋能的研发和利用还处于初级阶段。

2017年，OES发布最新版《国际海洋能源愿景》报告，提出到2050年对海洋能源部门的投资将达到350亿美元，具备30×10^4 MW的发电能力，减少5×10^8 t二氧化碳排放。报告指出，未来发展海洋能技术应注意两个事项：①通过开展相关调查，识别当前条件下的最佳技术；②通过最佳的设计，降低设备的成本(降低资本性支出和运营成本)，同时强化设备的可靠性和性能(提高产出)。

2.1.2 EMEC

欧洲海洋能源中心(European Marine Energy Center，EMEC)成立于2003年，是国际知名的海洋能发电装置测试及认证中心，总部位于英国苏格兰北部的奥克尼(Orkney)群岛。欧洲海洋能源中心(EMEC)拥有2个全比例尺海洋能试验场，设计了14个测试泊位，包括位于斯特罗姆内斯(Stromness)附近海域的波浪能试验场(6个测试泊位)和位于埃代(Eday)岛附近海域的潮流能试验场(8个测试泊位)，每个试验泊位都可以通过海底电缆与岸上电站相连，并入英国国家电网。2009年EMEC发布了12项海洋能标准，用于指导海洋能发电装置的试验、测试、评价和运行管理等方面，包括《波浪能转换系统性能评估》《潮流能转换系统性能评估》等12份技术标准文件，提出了海洋可再生能源开发利用框架，具体可分为如下三个部分。

(1)海洋能资源评价及项目策划。包括海洋能产业项目开发、波浪能资源评价、潮流能资源评价、海洋能发电系统并网指南。

(2)海洋能装置设计开发与测试评价。包括海洋能装置制造与测试、潮流能装置水池试验、波浪能装置水池试验、潮流能发电装置性能评价、波浪能发电装置性能评价等。

(3)海洋能装置的质量保证。包括海洋能产业健康与安全指南、海洋能转换系统设计基础、海洋能转换系统可靠性、可维护性及耐久性指南。

2014年EMEC达到了测试实验室标准(ISO 17025)的相关要求，能够进行独立验证的测试与评估，随后EMEC获得ISO/IEC 17020的认可，可以给海洋能转换系统及其子系统提供验证。目前，EMEC已开展了芬兰Wello oy公司Penguin波浪能发电装置、Pelamis Wave Power(PWP)公司Pelamis波浪能发电装置、日本川崎重工和德国OpenHydro潮流能发电装置等多种海洋能发电装置模型和样机的测试。除此之外，EMEC还开展了海洋能源的储能研究。2018年EMEC宣布由北欧投资资助1 000万美元，在Eday建立了一个制氢厂，将开发利用后的海洋能和风能转化为氢进行储存和运输。

2.1.3 美国

2010年，美国能源部发布了《美国海洋水动力可再生能源技术路线图（2010）》，预计到2030年用于商业的海洋能装机容量达到2.3×10^7 kW，通过"小企业技术创新研究计划"和"小企业技术转让计划"（2015年资助4个项目，每个项目15万美元），鼓励中小企业积极参与海洋能产业发展，同时俄勒冈州立大学、夏威夷大学、佛罗里达大学以及美国国家可再生能源实验室、西北太平洋国家实验室等科研院所机构联合组建了西北、东北、夏威夷3个国家级的海洋可再生能源研究中心，为海洋能技术发展、海洋能政策制定、海洋能发电装置测试等领域提供技术支持。

《国家海洋和水动力战略》草案由美国能源部提出，包括愿景、核心任务、关键性挑战以及应对挑战的解决方案等内容。其中该战略的愿景是"从海洋和河流资源获得动力，扩大和多样化国家能源组合，从而实现美国国家海洋和水动力的产业化发展"；同时该战略也提出了海洋可再生能源产业面临的四大挑战：①海洋能发电装置设计和研制过程中面临的工程问题；②在恶劣的海洋环境中部署和运行海洋能发电系统的相关问题；③繁杂冗长的设计和测试流程阻碍和限制科研人员快速研发的能力；④技术沟通和市场前景信息不充足、产业供应链不完善的问题。2017年美国能源部提议再次修改《国家海洋和水动力战略》，拟定战略计划覆盖时间至2035年并且每4~5年更新1次，以便及时反馈和跟踪海洋能开发利用领域的热点问题。

2017年5月，美国5位参议员提议设立一项法案以加快国内波浪能、潮流能、潮汐能发电技术的发展。该法案支持美国能源部稳步发展海洋能开发利用产业链，鼓励海洋能源发展与渔业、航运、海底电缆等行业协同发展，同时支持国家建立海洋能开发利用研究中心。

在资金投入方面，美国联邦政府直接向已并网发电的海洋能开发利用电力企业提供财政补贴，美国财政部设立的"可再生能源生产激励"（Renewable Energy Production Incentive，REPI）规定符合条件的企业可以获得1.5美分/（kW·h）的政府补助，2007年由于通货膨胀的原因调整到2美分/（kW·h），《2009年美国经济复苏和再投资法案》也对包括海洋能在内的5 000余个可再生能源开发利用项目进行补贴。

在政策和立法方面。美国能源部水能技术办公室出台了海洋和水动力计划，该计划主要支持海洋能系统设计与检测、测试基础设施、环境监测与仪器研发、资源特性4个领域。该计划在2016年资助海洋和水动力技术研发预算为4 430万美元，比2015年增长7%；在2017年资助预算为5 900万美元，其中1 200万美元的研发费用用于美国海洋能资源特点创新和海洋能发电技术低成本突破。“联邦生产税收减免”政策规定150 kW以上的海洋和水动力技术可享受1.2美分/kW的免税，在2017年1月前启动和建设的海洋和水动力设施的免税额度为建设费用的30%。美国国会先后通过了《海岸带管理法》和《海洋保护、研究和自然保护区法》等法律，为海洋资源利用开发和保护提供有效的监督和管理。

2019年，美国组织修订《能源独立和安全法案(2007)》，形成了新的《海洋能能源研究与开发法案(2019)》，并于2019年6月在参议院进行了二读审议，新的《海洋能能源研究与开发法案(2019)》相较于老版主要进行了以下几个方面的改动：①对海洋能源进行了重新定义；②在原海洋能技术研发、应用示范、并网发电、产业链条、现场测试等基础上，增加了海上储能、海上能源站及综合利用等方面的支持；③将原“国家海洋能源研究、开发与示范中心”改名为“国家能源中心”，加强对海洋能研发和测试活动的支持，并设立新的国家能源中心；④建议将2008—2012年每年的财政预算5 000万美元增加到2020—2021年每年的财政预算1.6亿美元。

2.1.4 英国

2009年英国发布《海洋(波浪、潮流)可再生能源技术路线图(2009)》，提出了海洋能开发的6个阶段，到2020年英国海洋能的装机容量达到100×10^4~200×10^4 kW，并规划建立广泛的海洋能开发利用产业链，实现商业化运行可行性的海洋能产业发展目标。2010年英国发布了《海洋能能源行动计划(2010)》，确定2030年前英国海洋能开发利用的发展路线和主要任务，明确了2015—2020年为海洋能开发利用技术大规模示范应用阶段，2025年前后实现海洋能发电装置工程化和商业化。2012 年英国发布《英国可再生能源发展路线图(2012)》，确定到 2020 年英国的可再生能源需满足 15%的电力需求，其中海洋能至少贡献 5%的电力目标。2014 年英国发布了《英国海洋能技术路线图(2014)》，分析了全球的海洋能产业现状，规划了 2050 年前海洋能产业规模和相关关键技术的发展愿景，确定了海洋能产业化发展过程中所需的各种研发活动和实施阶段等。2017 年英国发布《清洁增长战略》报告，该战略报告指出，海洋能技术能够为英国长期碳减排做出积极贡献，近期仍需通过示范展示其如何与其他能源发电技术相竞争。

在政策鼓励方面，2002 年英国制定了《可再生能源义务法》(Renewable Obligation，RO)，开始实施可再生能源义务方面的政策，提出到 2016 年可再生能源电站占比达 15.4%的目标，规定了相关部门为从事可再生能源开发利用的企业颁发可再生能源义务证书(Renewable Obligation Certificates，ROC)，企业每生产 1 MW·h 的电力可以兑换 2 个 ROC，在苏格兰地区，利用潮汐能和波浪能发电 1 MW·h 可以分别兑换 3 个和 5 个 ROC。获得 ROC 的企业可以向供电企业或电力管理部门以数倍的价格出售获得的 ROC，作为政府财政补贴的一部分。2013 年，英国电力部门改革，开始实施差价合约制(Contracts-for-Difference，CfD)，计划逐步取代实施多年的 ROC 制度。英国差价合约计划对装机不足 30 MW 的波浪能及潮流能电站实行差额合约电价，2017 年度资助金额达 2.9 亿英镑。

在资金投入方面，英国政府对海洋能开发利用原理研究、样机试制、关键技术研发和突破、海上应用示范、商业化并网运行等海洋能开发利用产业化全过程实施资金支持。自 2000 年以来，英国已投入超过 2.5 亿英镑的资金用于海洋能开发利用产业发展的推广。其中英国研究理事会自 2002 年一直资助英国海洋能技术的战略规划和试验研究，到目前已投入 2 200 万英镑的资金；2013 年设立的海洋可再生能源商业化发展专项资金，计划每年投入 1 800 万英镑用于支持波浪能和潮流能阵列化和并网技术的研究；2015 年苏格兰政府发布波浪能发电计划，前期投入 1 000 万英镑用于发展波浪能技术，同年苏格兰政府通过皇家资产局控制的专项基金向亚特兰蒂斯资源公司的 MeyGen 项目第一阶段工程投入 2 300 万英镑。

2.1.5 加拿大

2011 年，加拿大政府发布了《加拿大海洋可再生能源技术路线图》，公布了该国 2016 年、2020 年和 2030 年的海洋能发电总量增长目标以及海洋能技术服务领域的发展计划，现在已成为本国波浪能、潮流能和河流能的战略与行动规划。加拿大联邦、省级和地区政府共同制定了《泛加拿大清洁增长和气候变化框架》，许多支持加拿大可再生能源发展的方案与政策均在此框架体系下开展实施。2012 年，新斯科舍省(Nova Scotia)发布《海洋可再生能源战略》，列举了新斯科舍省潮汐能的发展项目，用于支持和鼓励当地潮汐能发展，为示范项目向产业化发展提供了支撑。位于加拿大大西洋沿岸的不列颠哥伦比亚省(British Columbia)制定《海洋可再生能源发展路线图》，开始着力打造海洋可再生能源科学技术中心，推动海洋能相应的创新与产业发展。

在市场激励方面，新斯科舍省规定获得许可证的项目和企业同时能够获取长达 15 年的“购电协议”，其中协议中规定的电价以能源部长确定的为准，新斯科舍省的各个公用事业单位必须根据“购电协议”购买所有用电。芬迪湾海洋能源研究中心(Fundy Ocean Research Centre for Energy，FORCE)项目的开发商包括 Black Rock 潮流能公司、Minas 潮流能有限合作公司、Halagonia 潮流能有限公司、Atlantis 加拿大运营公司和 Cape Sharp 潮流能企业，这些开发商均按照新斯科舍省制定的 53 分(加币)/(kW · h)的“上网电价补贴”(feed in tariff，FIT)政策与省级电力公司签署 15 年的购电协议。根据新斯科舍省制定的“基于地区的上网电价补贴”方案，针对 500 kW 以下潮流能发电装置，Digby Gut 有限合作公司和芬迪潮流能公司分别申请了 65.2 分(加币)/(kW · h)的电价。

在资金投入方面，加拿大的《泛加拿大清洁增长和气候变化框架》协同联邦政府 2017 年预算，提供了支持海洋可再生能源发展的多项方案，包括总额 219 亿加元的绿色基础设施基金，其中数百万加元用于新兴可再生能源的产业化，偏远地区的清洁能源由商业发展银行(Business Development Bank of Canada，BDC)与加拿大出口发展署(Export Development Canada，EDC)出资总额 14 亿加元，用于增加对可利用清洁能源的资金支持；投资年限 4 年以上，总额 2 亿加元用于扶持清洁能源技术的理论研究、技术开发和试验验证；总额 12.6 亿加元的 5 年战略创新基金；在加拿大可持续发展技术公司(Sustainable Development Technology Canada，SDTC)和不列颠哥伦比亚省创新清洁能源基金(Innovative Clean Energy Fund，ICEF)资助的基础上，不列颠哥伦比亚省政府设立了 2 500 万加元的资金资助，研发替代性能源的解决方案。

在立法方面，联邦政府逐步开展关于海洋可再生能源的立法工作，加拿大自然资源部牵头制定联邦海洋可再生能源项目的法律框架，其中加拿大新斯科舍省政府于 2015 年制定了《海洋可再生能源法案》，为可再生能源可持续发展提供了一个清晰有效的流程。2017 年新斯科舍省对《海洋可再生能源法案》做出了修订，允许在 FORCE 泊位之外——芬迪湾的其他海域开展潮流能技术论证。同时，该修正法案规定：新进入新斯科舍潮流能源市场的项目，只要单机组不到 5 MW，总装机不足 10 MW 的海洋能项目均可以实行新的用海许可制度。

2.1.6 韩国

2015 年，韩国海洋水产部(Ministry of Oceans and Fisheries，MOF)与贸易、工业和能源部(Ministry Of Trade、Industry and Energy，MOTIE)联合制定发布了《2015—2025 年中长期海洋清洁能源开发计划》。该计划详细描述了进行海洋能开发利用的国家愿景、中长期目标、发展战略及行动规划。同年，韩国政府更新了《韩国海洋能研发路线图(修订版)》，确定了政府发展海洋能的新任务，包括推动海洋能基础设施建设、海洋能产业商业化发展、积极与太平洋岛屿国家开展海洋能合作等。2017 年，韩国政府宣布了新的“2030 年可再生能源政策行动规划”，计划到 2030 年，全国总电力需求的 20%通过风能和太阳能等可再生能源来解决。海洋水产部还确定了新计划，推广“2030 年海洋能源发展规划”中的海洋能源体系，以此明确了满足政府新能源政策的目标。包括建设 1.5 GW 的海洋能源基础设施，以及通过发展专业化企业和建立供应链来促进海洋能源系统的新产业。计划建设 220 MW 波浪能电站，300 MW 的混合发电系统和 700 MW 潮汐能电站。

在政策激励方面，韩国于 2012 年建立了可再生能源配额制(Renewable Portfolios Standards，RPS)，要求500 MW以上的公共事业公司总发电量中必须有规定比例的电力来自可再生能源，2016年该比例为4.0%。可交易可再生能源证书(Renewable Energy Certificates，REC)对可再生能源配额制进行了补充。目前，对于潮流能发电、拦坝式潮汐能电站、非拦坝式潮汐能电站，其可再生能源证书价值为一个定值，而波浪能和海洋温差能电站的证书价值尚未确定。海洋水产部正在开展研究，调整潮汐能系统的可再生能源证书价值，并为波浪能转换器和海洋温差能制定新的可再生能源证书价值，以促使各大企业积极参与海洋能源开发工作。对于国内市场，可再生能源价格是由可再生能源证价格和系统边际电价共同确定的，截至2015年3月，可再生能源证价格和系统边际电价分别为11美分/(kW·h)和8美分/(kW·h)。

在资金投入方面，韩国海洋水产部与贸易、工业和能源部为海洋能源研发工作以及示范项目提供了公共资金。2000—2017年，这两个部门为海洋能源技术开发项目投资共计2亿美元。海洋水产部通过"实用型海洋能技术研发计划"主要支持外海示范项目，而贸易、工业和能源部通过"新型可再生技术开发计划"主要支持基础研发项目。

在立法方面，韩国发布了《低碳和绿色增长框架法》《促进新能源和可再生能源开发、利用和推广法》等关于可再生能源发展的管理文件。此外还有《能源法》《海洋渔业发展框架法》《海洋环境管理法》《公共水域管理与开发利用法》等海洋能相关的管理文件。

2.2 国外海洋能开发利用的技术特点

国外海洋能开发利用技术起步相对较早，在潮汐能、潮流能、波浪能等资源的利用上，国外的一些成果比较突出。本节主要介绍国外海洋能，包括潮汐能、潮流能、波浪能、温差能和盐差能的利用现状。

2.2.1 潮汐能

潮汐是海水在地球、月球、太阳引潮力作用下所发生的周期性涨落现象。在这个过程中所产生的能量主要包括两种：一种是海水垂向涨落所形成的势能差；另一种是海水水平流动所形成的动能。潮汐能开发利用主要是对海水垂直涨落形成的势能进行的开发利用，多采用潮汐栅栏技术进行。

国外对于潮汐能较大规模的开发和利用，始于 20 世纪 60 年代，其中最著名的是法国朗斯潮汐能发电站，装机容量 240 MW，如图 2-1 所示。

图 2-1　法国朗斯潮汐能发电站

法国朗斯潮汐能发电站于 1961 年年初开始动工，同年 7 月举行坝顶公路通车仪式，12 月最后一台机组投入运行。电站总造价约为 5.7 亿法郎(约合人民币 7.5 亿元)。电站的装机容量 240 MW，安装了 24 台单机容量 10 MW 的灯泡可逆贯流式发电机组并采用单库双向发电的方式发电。该水轮机的转轮直径为 5.34 m，正反发电设计水头 5.6 m，机组额定转速 93.75 r/min。朗斯潮汐能发电站分船闸、泄水闸和电站厂房三个部分，先后采用围堰施工的方式建成。其中船闸闸址由于建在低潮时露出水面的潮间带，基岩较浅。泄水闸的围堰主要由卡里贝尔特小岛和河岸的混凝土墙及南、北钢板桩格体两侧的围堰组成。

2011 年，韩国建设完成并运营了装机容量 254 MW 的始华湖(Shihwa)潮汐能发电站，发电规模创下了历史新高，如图 2-2 所示。

图 2-2 韩国始华湖潮汐能发电站

2004 年始华湖潮汐能发电站开工建设，2011 年年初完成试运行发电，2011 年 8 月正式运行发电，2011 年 11 月电站工程竣工。始华湖潮汐能发电站是一座采用单库单向形式发电的电站，是目前世界上最大规模的潮汐能发电站。该电站位于朝鲜半岛的西海岸，韩国京畿道安山市大福洞始华里，距离韩国首都首尔市约 25 km。电站所在海区潮汐类型为正规半日潮，极端条件下的最大潮差为 9 m，常规最大潮差为 8 m，平均潮差为 5. 6 m。电站安装了 10 台由奥地利 Andritz 公司制造的 25. 4 MW 的灯泡贯流式水轮发电机组，转轮直径为 7. 5 m，电站总装机容量 254 MW。总投资 5 200 亿韩元(约合人民币 28. 8 亿元，不含 1994 年构筑始华湖堤坝的投资)，上网电价 110 韩元/(kW · h)，约合人民币 0. 609 元/(kW · h)。

2004 年，挪威在哈默菲斯特建成了第一座商用的潮汐能发电站，装机容量 300 kW。尽管其装机容量很小，仅供当地 30 户家庭使用，但这是历史上第一次将潮汐能发电实现并网。挪威哈默菲斯特小镇使用潮汐能电力的家庭需无条件缴纳电费，电价约为普通水力电价的 3 倍。

总地来说，在世界范围内，潮汐能发电技术是最早被认识也是最为成熟的海洋能开发技术之一，且研究应用的范围也比较广。据不完全统计，除上述的法国、韩国、挪威以外，英国、美国、俄罗斯、加拿大、丹麦、瑞典、印度也都拥有各自的潮汐能研究及应用项目。不过，相比于潮汐能的资源总量，目前各国的总装机容量仍然是一个小数目。

2.2.2 潮流能

潮流能是在潮汐作用下海水的水平流动所具有的动能。实际上，由于风和海水密度差的作用，远海中也会因海水的水平流动产生动能。二者的形成原因虽然不同，但从能量形式及捕获方式上来看，基本是一致的。因此，广义地说，这两种能源的开发和利用的技术统称为潮流能开发技术。

潮流能发电的原理与风涡轮发电类似，而水的密度远大于空气密度，因此，潮流能具有能量密度大的特点。而且，与风能相比，潮流又具有强规律性和对环境影响小的优势。

早在20世纪70年代，美国率先开展了潮流能开发利用的研究，研制了一台小型的伞式水轮机。之后英国、法国、挪威等国家也陆续开展了潮流能发电的相关研究，并逐步将装机容量从一开始的千瓦级提升到了兆瓦级的规模。按照潮流能能量转换装置旋转轴与潮流流向的相对关系，可以将潮流能发电装置分为垂直轴潮流能发电装置和水平轴潮流能发电装置。垂直轴潮流能发电装置的主要特点在于适流性，即能量转换装置在安装以及投放过程中无需考虑潮流流向，减少能量转换装置中迎流以及转向部分。此外，最新设计的垂直轴能量转换装置的发电机可以放置于水面以上，有效地降低了发电机制造成本以及维修费用。相较于垂直轴潮流能发电装置，类似于风机的水平轴潮流能发电装置应用得较为广泛，能量转换效率较高(理论上涡轮叶片能量转换效率最大可达59.3%)。但由于潮流具有来回往复的特性，常用的水平轴潮流能发电装置需要制作转向机构以时刻保证涡轮叶片处于正向迎流状态。

对于垂直轴潮流能能量转换设备的研究，欧美等西方国家开展得较早，持续时间较为长久。图2-3为加拿大Blue Energy Technology公司研发的Davis Hydro Turbine的原理图。该公司于1984年设计建造了100 kW样机。图2-4为意大利Pontre di Archimede S. P. A公司设计研发的Kobold垂直轴水轮机，该样机直径6 m，高5 m，在1.8 m/s的潮流流速下发电量可以达到20 kW，但发电效率较低，只有23%左右。这台垂直轴水轮机是世界第一台接入电网的潮流能能量转换设备。美国GCK Technology公司设计研发了Gorlov Helical Turbine (GHT)，如图

2-5 所示。该垂直轴能量转换设备涡轮叶片与常规垂直轴水轮机叶片不同，具有一定的扭曲角度，使涡轮叶片提高了启动性能并降低了载荷波动。该垂直轴能量转换设备样机直径 1 m，高 2.5 m，单台设备在潮流流速 1.5 m/s 时发电量为 1.5 kW，在 7.72 m/s 时发电量可以达到 180 kW。

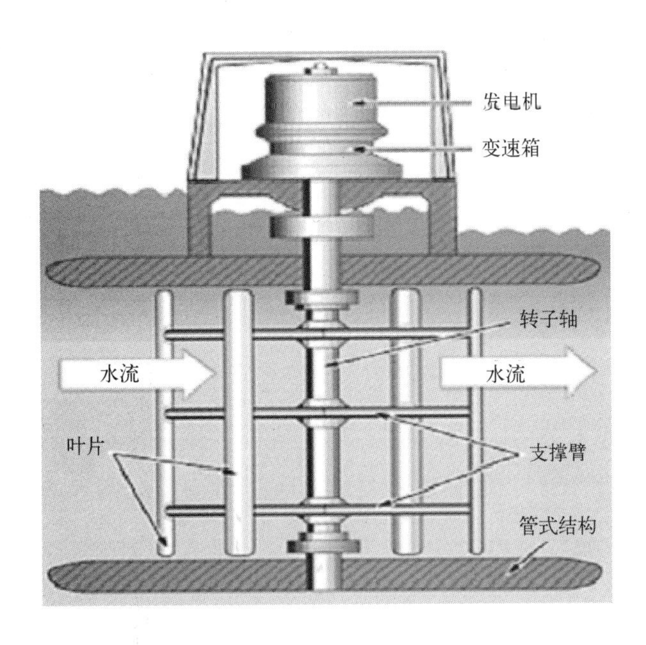

图 2-3　Davis Hydro Turbine 的原理图

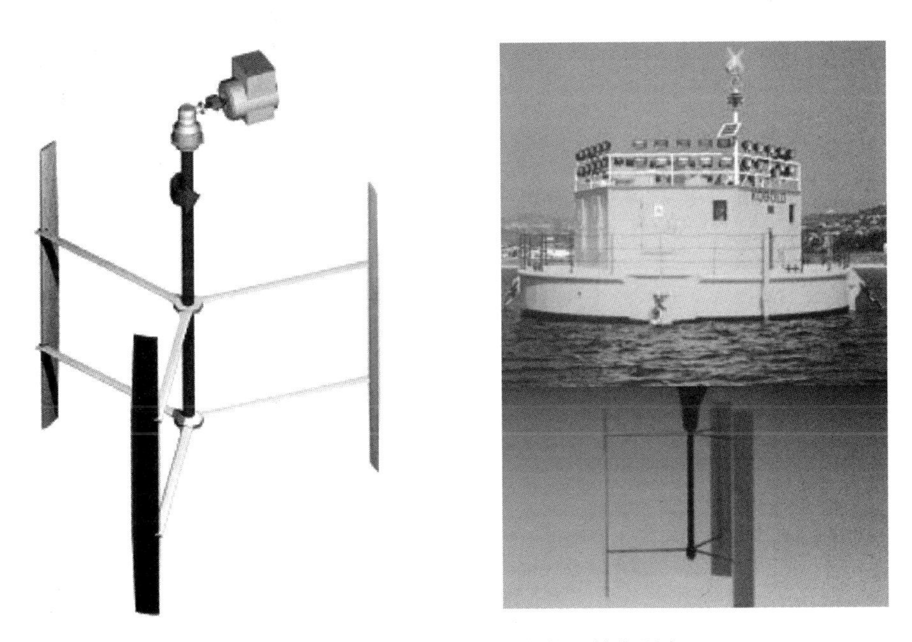

图 2-4　Kobold 垂直轴潮流能能量转换设备

图 2-5 Gorlov Helical Turbine 垂直轴潮流能发电装置

常见的水平轴潮流能能量转换装置结构形式主要有三种，分别是类似于风机风车式、涡轮叶片外部增加导管式以及不含转动轴系的空心贯流式。英国作为海洋能产业的领军国家，在潮流能能量转换装置方面走在世界前沿。英国 Marine Current Turbine(MCT)公司是世界上首个能实现潮流能发电装置产业化的企业。

图 2-6 英国 Marine Current Turbine 公司潮流能发电装置 Seaflow

该公司于 2003 年在 North Devon 海域投放测试水平轴潮流能能量转换装置 Seaflow，如图 2-6 所示。该发电设备涡轮叶片直径 11 m，在设计转速 15 r/min 下发电功率超过 300 kW。由于固定涡轮叶片的桩柱(直径 2.1 m)会产生较大的尾流区，影响涡轮叶片的能量转换效率，该设备的能量转换效率最高可以达到 38%。

Marine Current Turbine(MCT)公司于 2008 年设计建造了 Seagen，在 Seaflow 的基础上增加了翼型连接臂，如图 2-7 所示。该设计减小了安装桩柱尾流对涡轮叶片的影响。该设备涡轮叶片直径 16 m，能量转换效率最高可以达到 45%，发电功率 1.2 MW，标志着英国潮流能能量转换装置走向商业化。

图 2-7 英国 Marine Current Turbine 公司潮流能发电装置 Seagen

空心贯流式潮流发电装置的结构没有转动轴，由固定在外部环上的线圈和固定在内部旋转盘上的永久磁铁组成。该类潮流能能量转换装置以爱尔兰 Open Hydro 公司的产品为代表。该公司于 2007 年在 EMEC 投放测试了 250 kW 试验样机，如图 2-8 所示，涡轮安装在两根并行垂直的桩柱之上，可上下调节涡轮高度。

图 2-8 爱尔兰 Open Hydro 公司潮流能发电装置

在涡轮叶片外部增加导管可以增加涡轮叶片附近的流速，增大涡轮叶片的能量转换效率。在此基础上，英国 Lunar Energy 公司研发设计了 Lunar 导管涡轮叶片，该装置通过重力基座坐落在海床上，且涡轮叶片采用对称设计，使其在正反两向来流下具有相同的能量转换效率，此设备无须转向装置，如图 2-9 所示。

图 2-9　英国 Lunar Energy 公司导管涡轮及其组成的涡轮牧场

除去以上能量转换装置以外，英国 SMD Hydrovision 公司设计研发的 TidEL 涡轮由两个对转涡轮与中间连接臂组成，如图 2-10 所示。该潮流能发电装置通过锚缆锚定在海床之上，设备悬浮于海水之中。由于设备不需要其他辅助支撑设备，所以该设备可以适应任何合理水深。

图 2-10　英国 SMD Hydrovision 公司 TidEL 涡轮

英国 Scotrenewables Tidal Power 公司设计研发的漂浮式水平轴定桨距潮流能能量转换设备 SR250，如图 2-11 所示。该设备浮体长 133 m，直径 2.3 m，在浮体尾部悬挂 2 个直径 8 m 的潮流涡轮，装机功率 250 kW。该设备涡轮可 90°收放，方便设备投放、维修与回收，且设备采用单缆锚泊方式，较好地提高了涡轮叶片的迎流特性。该设备于 2012 年在 EMEC 完成测试，能量转换效率可达到 43%。

图 2-11　英国 Scotrenewables Tidal Power 公司 SR250 潮流能发电装置

欧盟联合研究中心(European Commission's Joint Reseach Centre，JRC)2016 年发布的海洋能现状统计表明：国际潮流能技术基本进入了商业化应用阶段，技术种类向水平轴式收敛，占比高达 76%。英国、荷兰、法国等国家均实现了兆瓦级机组并网运行。

2.2.3　波浪能

波浪能是表层海水在风的作用下所产生的能量。与直接利用风能相比，波浪能具有更加稳定的优势。人类对于波浪能的开发可以追溯到 200 多年前，法国的 Girard 父子申请了第一个波浪能专利。

20 世纪 40 年代，日本的 Yoshio Masuda 发明了用于导航浮标供电的振荡水柱式发电装置，但能量转化效率相对较低。随后，英国、瑞典、挪威等国家相继开展了不同形式的波浪能开发项目，如 1985 年挪威在卑尔根海试的功率分别为 350 kW 和 500 kW 的波浪能装置原型以及 90 年代初苏格兰在艾莱岛安装的功率 75 kW 的近岸振荡水柱式波浪能发电装置。进入 21 世纪后，波浪能发电技术得到了进一步的发展，波浪能转化装置所采用的技术手段主要可以归纳为振荡水柱式、振荡机械式(振荡体式)和漫顶式(越浪式)三大类。

振荡水柱式波浪能发电装置，是利用波浪进出气室引起的气压变化所产生的空气流动带动涡轮机转动发电的。这一技术比较灵活，既可以采用固定式安装在近岸，也可以采用漂浮式系泊在深海区。2011 年 7 月，西班牙的 Mutriku 电站正式投入运行，总装机功率 296 kW，年发电 400 MW · h，如图 2-12 所示。另外，澳大利亚 Oceanlinx 公司也研制了 MK1 全尺寸样机、MK2 1/3 比例样机以及 MK3 预商用样机等振荡水柱式波浪能装置。其中 MK1 样机的装机容量为450 kW、标称功率因数为 0.95，到 2005 年 MK1 样机已完成了近 4 年的试验，获取了大量试验数据，为后期样机型号的改进奠定了基础。2007 年，MK2 样机也在海上进行了示范试验，在为期几个月的时间里，MK2 样机获取了部分海上试验数据。2010 年，MK3 样机在澳大利亚完成了最后的定型试验，为用户提供了两个月的电力并实现了并网发电。

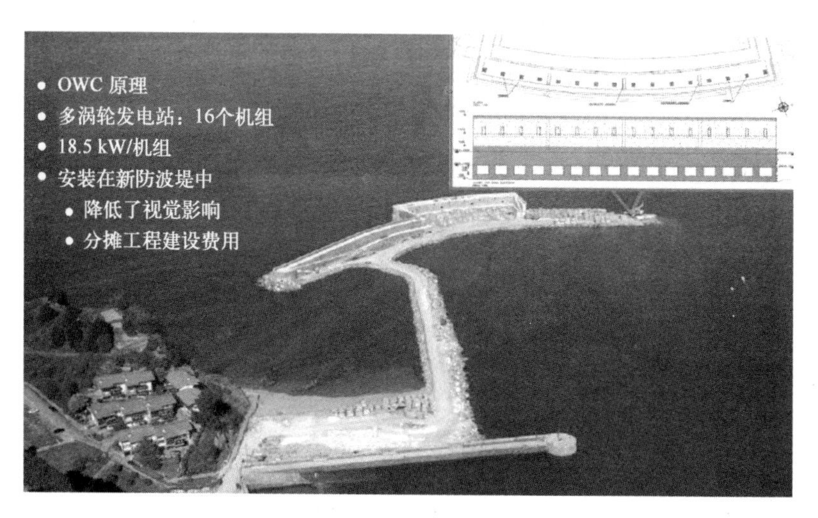

图 2-12　西班牙 Mutriku 电站(振荡水柱式)

振荡机械式波浪能发电装置，是利用装置整体或局部在波浪作用下的机械运动直接驱动泵带动发电机转动发电。最简单的振荡机械式波浪能发电装置是点吸收式，采用单浮子振荡体对波浪能进行吸收转化。美国海洋电力技术公司(Ocean Power Technologies，OPT)已成功研发单机功率 40 kW 和 150 kW 两种规格的产品。2011 年美国 OPT 公司研发的 40 kW 波浪能发电浮标进入商业化阶段，用于美国海军水下侦察系统长期供电，如图 2-13 所示。目前，OPT 正在开发 500 kW 型 PowerTower(PB500)装置，并计划在俄勒冈州 Coos 湾建设 100 MW 波浪能商业电站，在澳大利亚维多利亚州建设 19 MW 波浪能电站。PowerBuoy 是采用锚泊方式固定的漂浮式点吸收浮标，浮标内层为圆柱体，外层为水平环形结构，通过采用浮体与波浪相互运动的方式压缩空气，实现发电机发电，所发的电力通过线缆传送到岸上。该波浪能发电装置可以为离岸传感器提供电能。由于 PowerBuoy 通常布放在离岸较远的位置，所以对海岸边的景区影响较小，而且在波浪的高度大于警戒数值时，PowerBuoy 将会锁闭系统停止发电，待波浪高度恢复正常，再重启系统继续工作，因此 PowerBuoy 的可靠性相对较高。

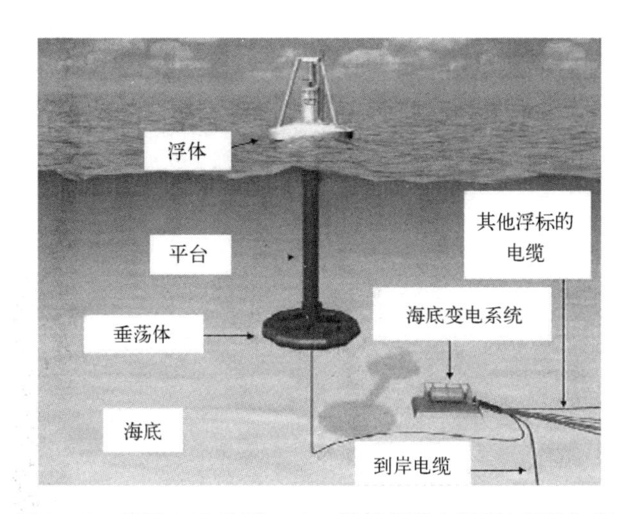

图 2-13　美国 OPT 公司 40 kW 波浪能发电浮标(点吸收式)

此外，波浪能发电装置包括英国的“海蛇”(Pelamis)、“筏式”(McCabe)波浪能泵、“蛙式”(Frog)、漫顶式等。其中的典型代表“海蛇”波浪能发电装置由多个圆柱形结构单元铰接而成，利用角位移驱动液压缸，将波浪能转化为液压能进行发电。2008 年，葡萄牙引进了英国的“海蛇”波浪能发电机组，建立了世界上首个具有商业规模的发电站，装机功率 3×750 kW，如图 2-14 所示。

漫顶式波浪能发电装置是先利用波浪将水储存在高位转化为势能，再通过排水过程将势能转化为动能带动水轮机转动发电。这种形式的波浪能发电装置需要依托一定的海岸地形条件，把海域中的水引入到一个水库中，采用低水头水轮机将储存的海水能量进行转换。这种形式的典型代表为丹麦的 Wave Dragon 波浪能发电装置，如图 2-15 所示。

图 2-14　葡萄牙 Pelamis 波浪能发电站

图 2-15　丹麦 Wave Dragon 波浪能发电装置(漫顶式)

据 JRC 2016 年海洋能现状报告统计表明：全球约有 21 个波浪能项目在运行，波浪能技术种类繁多，点吸收式技术占比为 39%；57 个技术研发机构中有 40 项技术仍处于研发初期，美国、西班牙等国家波浪能技术已进入商业化阶段。

2.2.4 温差能

温差能是由于海水在吸收太阳能的过程中，表层海水与深层海水之间吸收的热量不均所造成的温差产生的。温差能蕴含量巨大，按照估算的结果，其总量远远大于其他各种形式海洋能的总和。温差能发电的基本原理是利用表层海水的热量将工质汽化从而驱动汽轮机，再利用深层海水将其液化，从而实现循环。温差能发电机的循环过程可分为开式、闭式和混合式。

1930 年，法国首先利用上述原理制作了第一台开式温差能转换装置。1990 年，美国在夏威夷建成了一套 103 kW 温差能发电装置。2015 年 8 月，在美国海军研究办公室和海军设施工程司令部的资助下，Makai 海洋工程公司制造的 100 kW 闭式循环海洋温差能转换装置在夏威夷自然能源试验室正式启动，成为美国首个并网的温差能电站，如图 2-16 所示。

图 2-16 美国 Makai 公司 100 kW 闭式循环海洋温差能转换装置

该温差能发电站现已运行 4 年多，可以满足夏威夷 120 户家庭年用电需求，目前上网电价约 19 美分/(kW・h)，剩余电能出售产生的收益将用于温差能技术的发展和研究。

2013 年，日本 IHI 工程公司与 Xenesys 公司和横河电机公司合作，基于日本佐贺大学 30 kW 温差能示范电站技术，在日本冲绳岛的久留岛建成 50 kW 示范电站，为温差能技术商业化奠定了基础，如图 2-17 所示。该温差能发电站现已运行6年多，除发电外，还开展了深海水养殖、深海水化学利用等。

图2-17　日本IHI公司50 kW温差能转换装置

2012年，印度在米尼科伊岛(Minicoy)建造了日产淡水约100 t的温差能海水制淡示范电站，如图2-18所示。

图2-18　印度温差能海水制淡示范电站

此外，韩国海洋科学与技术研究所于2013年建成20 kW温差能试验电站，法国DCNS公司在塔希提开展了10 MW温差能电站建设可行性研究。目前，国际上美国、日本、印度等国家在温差能技术及示范工程方面较为领先，但仍处于比较初级的示范阶段。

2.2.5 盐差能

盐差能是江河中的淡水在入海口与海水交汇因盐度不同，混合所释放出的化学能。盐差能发电的基本原理是在淡水与海水之间加上半透膜，实现反向电透析或压力阻尼渗透。目前，国际上盐差能的开发利用技术整体上看仍处于试验室阶段，尚不具备工程应用和商业化运行的条件。

1939 年美国最早提出盐差能利用原理，但在盐差能发电技术的利用上，荷兰和挪威率先开展了相关研究，目前处于世界领先地位。2007 年，荷兰率先利用反向电透析原理研制出第一台样机。2013 年 10 月，荷兰 REDStack 公司和日本富士胶片公司合作，建造了世界首个反向电透析盐差能示范装置，装机容量 50 kW，如图 2-19 所示。

图 2-19　荷兰首个反向电透析盐差能示范装置

2009 年，挪威 Statkraft 公司建成了世界首个压力阻尼渗透盐差能发电装置，设计装机容量 10 kW，可实现 4 kW 输出，如图 2-20 所示。但该装置已于 2013 年 12 月停止运行。

目前在国际范围内对于盐差能发电技术的研究仍处于试验阶段，不具备产业化条件。已建成的试验电厂所能实现的发电效率均较低，甚至难以满足自身用电需求。但盐差能发电的实践为解决能源问题提供了一条新的出路，未来有望通过改善半透膜本身的性质使盐差能发电技术更加成熟化。

图 2-20　挪威首个压力阻尼渗透盐差能发电装置

2.3　我国海洋能开发利用的战略规划

2006 年 1 月 1 日，《中华人民共和国可再生能源法》正式施行。2009 年进行了第一次修订，2010 年 4 月 1 日起施行。《中华人民共和国可再生能源法》从法律层面规定进行可再生能源开发利用的规划、发展和应用要求，在此基础上，我国进一步出台了更加细化的可再生能源开发利用政策和法规。本节主要介绍最近几年涉及我国海洋能开发利用的政策和规划。

2.3.1　《能源发展战略行动计划(2014—2020 年)》

2014 年国务院办公厅发布了《能源发展战略行动计划(2014—2020 年)》。该计划提出，“能源是现代化的基础和动力，能源供应和安全事关我国现代化建设全局”的总体布局，制定了“着力发展清洁能源，推进能源绿色发展，着力推动科技进步，切实提高能源产业核心竞争力”和坚持“节约、清洁、安全”的战略方针，为海洋可再生能源的发展打开了新的局面。海洋能相比于煤、石油等传统能源，在能源可持续发展和污染物排放方面都有不可比拟的优势。从能源储备上来看，我国海洋能资源开发量在 6.46×10^8 kW，并且取之不尽用之不竭；从能源碳排放上来看，在开发利用海洋能过程中几乎没有二氧化碳排放，是一种清洁型能源；从能源利用上来看，在陆地资源越来越紧缺的现在，海洋能相比风能、太阳能，不需要占用陆地资源布放能量转换装置，可以减少对陆地资源的占用。

2.3.2 《国家创新驱动发展战略纲要》

党的十八大提出实施创新驱动发展战略，强调科技创新是提高社会生产力和综合国力的战略支撑，必须摆在国家发展全局的核心位置。为此，2016 年中共中央、国务院印发了《国家创新驱动发展战略纲要》。该纲要包括战略背景、战略要求、战略部署、战略任务、战略保障、组织实施 6 个部分，其中在“战略任务”部分着重提出了“发展海洋和空间先进适用技术，培育海洋经济和空间经济”的要求，认为海洋资源高效可持续利用作为海洋先进适用技术，需要加快发展海洋资源利用工程装备，不断推进我国海洋战略的实施和蓝色经济的发展。

2.3.3 《“一带一路”建设海上合作设想》

2013 年，中国国家主席习近平先后提出共建“丝绸之路经济带”和“21 世纪海上丝绸之路”的重大倡议，2017 年国家发展和改革委员会与国家海洋局联合发布《“一带一路”建设海上合作设想》(以下简称《设想》)。《设想》指出，海洋作为经济、技术、信息等合作的载体和纽带，在“一带一路”的建设方面发挥了举足轻重的作用，21 世纪是一个信息飞速发达的时代，全球和区域经济一体化的迅猛发展，不断要求世界各国在经济和技术上合作共赢，开放共享。为发扬“和平合作、开放包容、互学互鉴、互利共赢”的丝绸之路精神，《设想》提出了“加强海洋资源开发利用合作……引导企业有序参与海洋资源开发项目。积极参与涉海国际组织开展的海洋资源调查与评估”的合作重点，在海洋能资源利用方面，要与“一带一路”沿线国家共建资源名录和资源库，推进海上互联互通，鼓励中方企业积极参与“一带一路”沿线国家的海洋能资源开发利用项目。

2.3.4 《促进新能源发展白皮书 2018》

2018 年国家电网有限公司发布了《促进新能源发展白皮书 2018》(以下简称《白皮书》)。《白皮书》显示，2017 年我国新能源发展成绩显著，新能源装机规模不断扩大，并网容量达到2.93×10^8 kW，累计装机容量达到1×10^8 kW，新增装机容量首次超过火电，新能源的消纳形势明显改善，国家电网经营区全年弃电量和弃电率实现“双降”。2017年完成省间新能源交易492×10^8 kW·h，同比增长36%；“三北”地区增加新能源消耗电量61.9×10^8 kW·h，11家省级电力交易中心开展省内与电力用户的直接交易，组织完成新能源交易电量182×10^8 kW·h。未来国家电网有限公司将全面建成北京电力交易平台和27个省级电力交易平台，实现交易平台的全覆盖，为后续新能源的消纳提供技术支撑。

2.3.5 《电网企业全额保障性收购可再生能源电量监管办法(修订)》

2019年国家能源局对《电网企业全额收购可再生能源电量监管办法》(原电监会25号令)进行了修订，形成了《电网企业全额保障性收购可再生能源电量监管办法(修订)》(征求意见稿)(以下简称《办法》)。《办法》中规定，电网企业全额收购的可再生能源电量包括风力发电、太阳能发电、生物质能发电、地热能发电、海洋能发电等非水可再生能源。电网企业应当按照规划和要求建设或改造可再生能源发电设施及配套电网建设，按时完成可再生能源发电项目接入电网工程的建设、调试和验收等工作。对按照可再生能源规划建设、依法取得行政许可或者通过备案、技术标准符合并网发电要求且取得《电力业务许可证》(按规定豁免的除外)的可再生能源发电企业，电网企业应全额收购除市场交易电量外的所有电量。《办法》还要求，可再生能源发电企业需要加强质量监管，避免和减少因设备原因导致可再生能源设备不能上网发电的现象发生，并与电网企业签订售电合同和调度协议。电力调度机构按照日计划方式安排和实时调度，调整区域内或跨区域电网机组的组合，保证可再生能源优先发电。此外，《办法》还要求，省级及以上电网企业每月或每年向国家能源局或其所在地派出机构报送上一月度或年度的可再生能源发电情况、市场化交易电量情况、弃电情况、弃电原因等报告，国家能源局及其派出机构对可再生能源发电企业、电网企业、电力调度机构、电力交易机构的统计数据和文件资料进行核对，纠正发现的问题。

《办法》从海洋能开发利用的终端为海洋可再生能源的发展提供了政策保障，

加快推动了海洋能开发利用从装备研制到并网发电技术的进步，提出了“全额收购”的政策要求，从供给侧结构性改革方面促进了海洋能发电的并网建设和海洋可再生能源产业的发展。

2.3.6 《能源生产和消费革命战略(2016—2030)》

2016年12月，国家发展和改革委员会、国家能源局印发了《能源生产和消费革命战略(2016—2030)》(以下简称《战略》)。《战略》指出，到2020年全面启动能源革命体系布局，推动化石能源清洁化，根本扭转能源消费粗放增长方式，实施政策导向与约束并重。2021—2030年，可再生能源、天然气和核能利用持续增长，高碳化石能源利用大幅减少。能源消费总量控制在60×10^{8} t标准煤以内，非化石能源占能源消费总量比重达到20%左右，天然气占比达到15%左右。到2050年，非化石能源的占比超过一半，建设能源文明消费型社会。《战略》指出，推进能源革命，有利于促进我国供给侧结构性改革、有利于增强能源安全保障能力、有利于优化能源结构、有利于增强自主创新能力、有利于增加基本公共服务供给。在“四、推动能源供给革命　构建清洁低碳新体系”的“(二)实现增量需求主要依靠清洁能源”部分，《战略》提出“创新开发模式，统筹水电开发经济效益、社会效益和环境效益。……开展海洋能等其他可再生能源利用的示范推广”；在“(四)优化能源生产布局”部分，《战略》提出“稳步推进海洋能开发利用”的要求。在“九、实施重大战略行动，推动重点领域率先突破”的“(七)非化石能源跨越发展行动”部分，《战略》提出“开展海洋能示范项目建设”，同时优化风电和光伏布局，有序推进大型水电基地建设，到2030年非化石能源的发电量占全国总发电量的比重力争达到50%。

2.3.7 《战略性新兴产业重点产品和服务指导目录》

2013年，国家发展和改革委员会会同科技部、工业和信息化部、财政部等有关部门和地方发展改革委，研究起草了《战略性新兴产业重点产品和服务指导目录(2013)》(以下简称《目录(2013)》)，确定了7个产业、24个发展方向以及3 100项细化的产品和服务。2016年我国发布了《“十三五”国家战略性新兴产业发展规划》，提出要积极推动多种形式的新能源综合利用，突破海洋能发电等新能源的电力技术瓶颈。同年，为贯彻和细化《“十三五”国家战略性新兴产业发展规划》的要求，国家发展和改革委员会会同科技部、工业和信息化部、财政部等有关部门在《目录(2013)》的基础上制定了《战略性新兴产业重点产品和服务指导目录(2016)》(以下简称《目录(2016)》)。《目录(2016)》包括五大领域八个产业，细分为40个重点方向和174个子方向以及近4 000项的产品和服务。其中，在“高端装备制造产业”中提出了关于海洋能相关系统和装备的3个目录内容：一是海洋能发电机组，包括万千瓦级潮汐能发电机组、300 kW以上潮流能发电机组、百千瓦级新型波浪能发电机组；二是海洋能相关系统和装备，包括海洋资源调查装备、海上运输、施工、维护船只及相关装备、海底电缆和防腐材料等；三是海洋能装置研发公共支撑平台相关系统与设备，包括海洋能海上试验场、海洋能综合检测中心、海洋动力环境模拟实验室等相关平台和装备。

2.3.8 《能源技术创新“十三五”规划》

为贯彻能源发展规划总体要求，发挥科技创新在全面创新中的引领作用，2016年国家能源局发布了《能源技术创新“十三五”规划》(以下简称《能源创新规划》)。《能源创新规划》深入分析了能源科技发展的趋势，以推动能源技术创新革命为宗旨，明确了2016—2020年能源新技术研究和应用的发展目标，并着力聚焦清洁高效化石能源、新能源电力系统、安全先进核能、战略性能源技术以及能源基础材料5个能源技术创新重点方面，其中在“新能源电力系统”部分，《能源创新规划》提出了开展海洋能关键技术及装置研发和示范工程的内容。此外《能源创新规划》还将“海洋能利用关键技术及示范工程”作为示范试验类的15个示范试验项目之一，指出在2016—2020年海洋能利用的关键技术和示范工程的研究目标为“研制波浪能、潮汐能、潮流能、温差能利用装置，建设波浪能、潮汐能、潮流能发电示范工程”，研究内容为“研究波浪能利用关键部件设计制造技术、海上生存能力技术，研究高转换率波浪能发电技术，研发波浪能发电装置，开展百千瓦级波浪能发电示范工程建设。推进潮汐电站方案设计及优化、万千瓦级低水头大流量水轮发电机组设计与制造、潮汐环境影响评价及预测、电站运行控制等关键技术研究，开展万千瓦级潮汐能发电试验示范工程建设。研发适合潮流资源特点的高效率叶轮，突破发电机组水下密封、低流速启动、模块设计与制造等关键技术，研发兆瓦级潮流能发电装置，开展兆瓦级潮流能发电示范工程建设。研究温(盐)差能发电热力循环技术，研制温(盐)差能实际海况试验样机”。

2.3.9 《能源领域首台(套)重大技术装备评定和评价办法(试行)》

为贯彻落实党中央、国务院对实施创新驱动发展战略、建设建造强国的决策部署，2019 年国家能源局发布了《能源领域首台(套)重大技术装备评定和评价办法(试行)》(以下简称《评定和评价办法》)。《评定和评价办法》指出，相关能源企业应积极承担能源领域的首台(套)的重大技术装备[包括前 3 台(套)或前 3 批(次)]的建设及示范任务，鼓励相关能源企业以项目建设为基础，开展首台(套)零部件的示范应用。对于重点领域亟须的技术装备，国家能源局将协调优先开展评定。《评定和评价办法》规定，能源领域首台(套)重大技术装备及其示范项目享受《国家能源局关于促进能源领域首台(套)重大技术装备示范应用的通知》(国能发科技〔2018〕49 号)中明确的税收减免、保险补偿等其他优惠政策。

海洋能发电装置作为能源领域技术装备的一部分，具有建造难度大，运行环境恶劣等特点，一定程度上限制了海洋能开发利用技术的发展。同时，海洋能作为一种新兴的可再生能源，海洋能发电装置制造企业应当积极响应《评定和评价办法》的要求，开展海洋能发电装置技术装备的评定和评价工作，获取税收减免、保险补偿等优惠政策，缓解企业自身的负担。

2.3.10 《可再生能源发展“十三五”规划》

2016 年 12 月，国家发展和改革委员会与国家能源局联合发布了《可再生能源发展“十三五”规划》(以下简称《可再生能源规划》)。《可再生能源规划》指出，从 2016 年开始的 5 年内，中国在可再生能源(包括水能、风能、太阳能、生物质能、地热能和海洋能)的新增投资资产规模达 25 000 亿元，到 2020 年全部可再

生能源发电装机 6.8×10^{8} kW，发电量 1.9×10^{13} kW·h，占全部发电量的27%，《可再生能源规划》同时提出，到2020年全国可再生能源就业人数超过1 300万人，其中"十三五"期间新增就业人数超过300万人。

在海洋能开发利用方面，《可再生能源规划》将"推进海洋能发电技术示范应用"作为一个主要任务，提出要完善海洋能开发利用公共支撑服务平台建设，初步建设完成山东、浙江、广东、海南4个重点区域的海洋能示范基地，重点支持百千瓦级波浪能、兆瓦级潮流能示范工程建设，突破小型化、模块化海洋能发电装置的高可靠性、高转换效率、高效储能的技术瓶颈，形成系列化海洋能综合利用产品。开展海岛(礁)独立电力系统示范工程建设，在浙江、福建等地区启动兆千瓦级潮汐能电站建设，为海洋能规模化的开发利用奠定基础。《可再生能源规划》还提出了开展可再生能源领域储能技术研究，提升可再生能源储能技术的技术经济性。

2.3.11 《全国海洋经济"十三五"规划》

2017年，国家发展和改革委员会、国家海洋局共同印发了《全国海洋经济"十三五"规划》(以下简称《海洋经济规划》)。《海洋经济规划》提出，到2020年，我国海洋经济规模逐步扩大，综合实力和经济效益逐步提高，产业结构更加合理，海洋技术支撑和保障能力进一步增强，海洋生态文明建设和海洋经济国际合作取得重大成果，形成陆海统筹，人海和谐的海洋发展新格局。《海洋经济规划》将海洋可再生能源列为4个"培育壮大海洋新兴产业"之一，指出在海洋能开发利用领域应加快海洋能应用示范，建设2~3个兆瓦级潮流能、百千瓦级波浪能和1个50 kW级海洋温差能示范工程，重点加强山东、浙江、广东、海南4个海洋能示范区的建设。依托当地装备业制造技术和资源优势，建设威海、青岛海洋能装备制造基地，推进山东半岛领域海洋能深水网箱养殖综合利用。鼓励海洋能技术"走出去"，加快海洋能产业与国外的对接和合作，并鼓励符合条件的海洋重大技术装备制造企业申请首台(套)重大技术装备保费补贴，落实海洋能发电企业免征、减征企业所得税政策。

2.3.12 《海洋可再生能源发展“十三五”规划》

为了进一步落实和细化《可再生能源发展“十三五”规划》的要求，2016年12月，国家海洋局发布了《海洋可再生能源发展“十三五”规划》(以下简称《海洋能规划》)。《海洋能规划》指出，海洋能包括潮汐能、潮流能、波浪能、温差能、盐差能、生物质能和海岛可再生能源等。《海洋能规划》提出，到2020年海洋能核心技术装备实现稳定发电，海洋能工程化水平初具规模，产业链条初步形成，标准体系初步建立，全国海洋能总装机规模超过5×10^4 kW，建设5个以上多能互补的海洋能海岛电力独立系统，海洋能开发利用水平步入国际先列的主要目标。

《海洋能规划》提出了海洋能开发利用坚持需求牵引、坚持创新引领、坚持企业主体、坚持国际视野的四大基本原则和五大重点任务：一是推进海洋能工程化应用，推进装备产品化，扩大海洋能工程示范规模和拓展海洋能应用领域；二是积极利用海岛可再生能源，开展我国海岛可再生资源的评估，研制适应海岛环境的技术和装备，开展海岛可再生能源多能互补示范工程建设；三是实施海洋能科技创新发展，强化海洋能开发利用基础研究，推动关键技术创新，发挥企业的主导地位优势，构建产学研用技术创新体系；四是夯实海洋能发展基础，开展南海及海岛区域资源评估，加快建设海上试验、实验室模拟、资源数据共享的国家海洋能公共服务平台，加强标准体系建设；五是加强海洋能开放合作发展，鼓励积极参与国际海洋能事务，持续引进全球创新资源，服务“一带一路”建设，推动国内和国外企业共同开拓国际市场。

此外，为了加强《海洋能规划》的实施，《海洋能规划》还提出了要加强国家、地方各部门的组织协调，探索多元的海洋能资金投入机制，加强电力消纳、电价补贴、税收减免等促进海洋能产业发展的政策研究，构建鼓励创新、包容失败、分类评价的海洋能科技创新人才评价与发展机制等保障措施。

2.3.13 《关于加快建立绿色生产和消费法规政策体系的意见》

2020年初，国家发展和改革委员会与司法部共同印发了《关于加快建立绿色生产和消费法规政策体系的意见》(以下简称《意见》)。《意见》在“(七)促进能源清洁发展”部分指出，要建立完善与可再生能源规模化发展有关的法规和政策，加强对分布式能源、智能电网、储能技术的政策支持力度，并在2021年年底研究制定氢能、海洋能等新能源发展的标准规范和支持政策。通过对该意见的解读可以发现，当前发展海洋能不仅要坚持能源清洁的目标，还要坚持发展绿色经济，因此在未来海洋能标准的制定上，除了要加强装置测试、并网发电、运行维护等方面的标准制定以外，还需要开展海洋能发电装置生态环境影响评价、液压油废水废弃物等防止污染类以及储能和多能互补类标准和政策的研究制定。

2.3.14 地方省份关于海洋能开发利用的规划

1)《山东省“十三五”海洋经济发展规划》

2016年12月，山东省发展和改革委员会发布了《山东省“十三五”海洋经济发展规划》(以下简称《山东省规划》)。《山东省规划》中提出了加快构建现代海洋产业体系的总体要求，海洋第一产业、海洋战略性新兴产业、海洋服务业的产业结构调整为6:44:50。《山东省规划》还要求加快海洋能海上试验与测试场的建设。优化海洋新能源产业布局，加强海洋能开发利用装备关键技术的引进和自主研发，逐步完善海洋能开发利用标准体系。以青岛、烟台、威海为重点，建设潮汐能电站、潮流能电站、多能互补的海岛独立供电系统，实施海岛微网群协调控制技术示范工程，促进海洋能利用规模化、产业化的发展。

2)《浙江省能源发展“十三五”规划》

2016年9月，浙江省发布《浙江省能源发展“十三五”规划》，将能源科技装备产业基地作为能源发展布局的“五个基地”之一，提出建设海洋能利用产业化的要求，并鼓励多途径探索海洋能利用的技术和创新，重点支持海岛独立电力系统示范应用，加大潮流能、波浪能示范工程建设。

3)《粤港澳大湾区发展规划纲要》

2019年，国务院印发《粤港澳大湾区发展规划纲要》(以下简称《纲要》)。《纲要》认为，我国应该在粤港澳大湾区建设具有国际影响力的产业体系，积极推动海洋工程装备等战略性新兴产业的发展，大力发展海洋经济，建设海洋现代产业基地，并探索在境外发行企业海洋开发债券机制，鼓励国内外企业投资基金投资海洋能资源利用企业和项目。同时加快海洋科技创新平台建设，促进海洋科技成果的创新和高效转化，提升海洋资源的开发利用水平。《纲要》还提出了在开发海洋资源环境的同时要加强环境保护的要求。

2.4 我国海洋能开发利用的技术特点

随着对可再生能源领域资金投入的不断加大，可再生能源开发利用政策的不断完善，目前我国可再生能源领域的发展态势相对较好，尤其是海洋可再生能源领域。自2010年设立海洋能专项资金项目以来，开发出了一批技术优良的海洋能发电装置。本节主要对当前我国潮汐能、潮流能、波浪能、温差能和盐差能发电技术现状进行阐述。

2.4.1 潮汐能

中国对潮汐能的开发和利用的历史，向前追溯可达千年之久。但是成规模的现代化开发，开始于20世纪50年代。我国的潮汐能资源较为丰富，东部沿海地区，浙江、福建一带的潮汐能资源占到全国可开发总量的80%以上。

1975年，我国在浙江玉环建成了海山潮汐电站，如图2-21所示。该电站装机容量250 kW，采用双库单向发电的工作方式。其年发电量约40×10^4 kW·h，截至2018年年底，累计发电超过1 100×10^4 kW·h，上网电价0.46元/(kW·h)。为维护潮汐电站的持续运行及发展，该电站已开展技术改造工程，计划增容并对库区进行清淤，工程总投资约1 000万元，改造工程于2016年年底通过地方政府审批，扩容后总装机容量为500 kW。

1980年，我国在浙江温岭建设的江厦潮汐电站投产发电，如图2-22所示。其总装机容量达4.1 MW，年发电量约700×10^4 kW·h，曾是当时亚洲最大的潮汐电站。截至2018年年底，累计发电超过2.2×10^8 kW·h，上网电价2.58元/(kW·h)。

2012年，在海洋可再生能源专项资金的支持下，龙源电力集团股份有限公司对江厦潮汐试验电站 1 号机组进行了增效扩容改造。单机容量由 500 kW 增加至 700 kW，2015 年 6 月，1 号机组顺利开机并网，截至 2016 年 3 月底，江厦潮汐试验电站 1 号机组运行稳定，性能良好，安全运行 2 095 h，总发电量达到 72.8×10^4 kW·h。2016 年 7 月，项目通过了国家海洋局科技司组织的验收。

图 2-21　浙江玉环海山潮汐电站

图 2-22　浙江温岭江厦潮汐电站

总地来说，中国对潮汐能的开发利用起步较早，经过几十年的探索与实践，技术上也基本成熟。但中国的潮汐发电技术的单机容量和开发规模仍相对较小。即使是曾被冠以“亚洲最大”的浙江温岭江厦潮汐电站，总装机容量与法国、韩国的大型潮汐电站相比，仅约为它们的 1/60。当然，装机容量上的差距，更多受限于潮汐能资源以及开发的力度和成本。但相较于韩国、英国、瑞典等潮汐能技术较为先进的国家，我国仍有一定的发展空间。

2.4.2 潮流能

国内潮流能应用较晚，但发展较为迅速。哈尔滨工程大学在国内较早开展垂直轴潮流能能量转换装置的研究，设计制造的“万向Ⅰ”漂浮式 70 kW 垂直轴潮流能发电装置与“万向Ⅱ”坐底式垂直轴潮流能发电装置分别于 2002 年 3 月和 2005 年 12 月进行投放测试。

2012 年 8 月在龟山水道投放 2×150 kW 水平轴潮流能发电装置“海明Ⅰ”，涡轮叶片直径 4 m，如图 2-23 所示；2013 年 6 月在青岛斋堂岛海域投放“海明Ⅱ”潮流能发电装置，涡轮叶片直径 12 m，能量转换效率 34%左右，如图 2-24 所示。

图 2-23 “海明Ⅰ”潮流能发电装置

图 2-24 “海明Ⅱ”潮流能发电装置

2013 年，东北师范大学设计研发的低流速潮流能 20 kW 桁架坐底式潮流能装置在青岛斋堂岛海域测试，该设计主要迎合我国大部分海域潮流流速较低的特点，如图 2-25 所示。

图 2-25　20 kW 桁架坐底式潮流能发电装置

在国际自然科学基金、我国科技部重点项目及海洋可再生能源专项资金等的支持下，浙江大学自 2009 年以来，先后研制了 30 kW、60 kW、120 kW、300 kW 和 650 kW 半直驱水平轴潮流能机组样机，并在浙江舟山摘箬山海域成功开展了海试。2014 年，由科技部重点项目和海洋可再生能源专项资金支持，浙江大学设计研发的 60 kW 半直驱式潮流能发电机组在舟山附近海域进行测试，如图 2-26 所示。该装置能量转换效率可以达到 39.26%，自 2014 年 5 月起，累计发电超过 2.5×10^4 kW·h。

2018 年 3 月，由浙江大学提供技术支撑，国电联合动力技术有限公司研制的 300 kW 半直驱水平轴变桨机组在浙江大学摘箬山岛海流能发电试验基地入海并成功发电，实现 270°变桨和并网运行，如图 2-27 所示。

在 2013 年海洋可再生能源专项资金的支持下，浙江舟山联合动能新能源开发有限公司研制了 LHD 模块化海洋潮流能发电机组，于 2016 年 7 月完成 2 套共

1 MW 涡轮发电机组海上安装并实现发电，如图 2-28 所示。2016 年 8 月 26 日，该项目机组正式并入国家电网。截至 2017 年年底，该 1 MW 示范工程累计发电量超过 60×10^4 kW · h，并网电量超过 40×10^4 kW · h。截至 2018 年年底，该机组已实现装机 1.7 MW，包括 6 台垂直轴式机组，1 台水平轴式机组，最大单机 300 kW，到 2019 年 7 月底，累计发电超过 140×10^4 kW · h。

图 2-26　60 kW 半直驱式潮流能发电机组

图 2-27　300 kW 机组叶片

图 2-28 LHD 模块化海洋潮流能发电机组

综上，国内潮流能发电总体技术接近国际先进水平，约 20 台机组完成了海试，最大单机功率 650 kW，部分机组实现了长期示范运行，我国已成为世界上为数不多的掌握规模化潮流能开发利用技术的国家。

2.4.3 波浪能

国内对于波浪能开发与利用的技术研发起步于 20 世纪 60 年代，相较欧美及日本等国家较晚，但在 70—80 年代取得了较快发展。我国的波浪能蕴藏量在世界范围内横向比较并不占据优势，能流密度仅为高能流密度区的 1/10 左右。大陆各沿海地区中，以广东、福建、浙江及山东等地区较为丰富，因此国内在波浪能开发与利用技术方面的主要研究机构也基本分布在上述地区。

2011 年 11 月，中国科学院广州能源研究所研制的“哪吒 1 号”直驱式海试装置在广东珠海大万山岛海域投放成功，设计发电功率 10 kW，海试时最高输出相电压 381 V。2013 年 2 月，装机功率为 20 kW 的“哪吒 2 号”和“鹰式一号”漂浮式波浪能发电装置正式投入运行。

在“鹰式一号”10 kW 波浪能发电装置成功海试的基础上，2013 年，海洋可再生能源专项资金支持中海工业有限公司和中国科学院广州能源研究所联合研制 100 kW 鹰式波浪能发电装置工程样机。2015 年 11 月，又顺利投放了鹰式“万山号”120 kW 波浪能发电装置，如图 2-29 所示。

图 2-29 中国科学院广州能源研究所“万山号”波浪能发电装置

2017 年 4—6 月在珠海市万山岛并网供电，期间供电超过 10 000 kW · h，首次实现了我国利用波浪能为海岛居民供电。2018 年 10 月，升级后的鹰式“先导一号”(如图 2-30 所示)在西沙永兴岛开始并网发电，装机容量 200 kW，最大日送电量 2 059 kW · h。2019 年 3 月，2 台 500 kW 波浪能发电装置“舟山号”“长山号”正式开工建设。

图 2-30 “先导一号”波浪能发电装置

2012 年 11 月，经山东省海洋渔业厅批复，济南融远新能源开发公司选用山东大学漂浮式发电装置用于示范。2013 年，山东大学开发完成了适用于波浪发电的双定子、双电压结构的 120 kW 漂浮点吸收式液压波浪发电系统。2015 年年底，完成 3 台发电装置的研发。2016 年 8 月，完成陆地测试及验收，如图 2-31 所示。

图 2-31　山东大学漂浮点吸收式液压波浪发电装置

2012 年，中船重工第七一〇研究所，利用改进后的 100 kW“海龙 1 号”波浪能发电装置建设独立电力系统示范工程，研建了“大万山岛波浪能独立电力系统示范工程”。2015 年 7 月，开展了近 3 个月的海试，累计发电量 2 000 kW · h。2018 年 1 月，项目通过了国家海洋局科技司组织的验收。

2014 年，中国海洋大学主持研制的 10 kW 级组合型振荡浮子波浪能发电装置在青岛市黄岛区斋堂岛海域成功投放。该装置运用组合式陀螺体型振荡浮子与双路液压系统将波浪能转化为电能，并使用潜浮体和张力锚链进行海上安装定位，如图 2-32 所示。

图 2-32　中国海洋大学 10 kW 级组合型振荡浮子波浪能发电装置

总地来说，我国波浪能研究虽然起步较晚，但是发展较为迅速，在理论研究和装备制造方面都取得了一定的成果，基本接近国际先进水平。针对我国波浪能资源功率密度较低的特点，研发了小功率发电装置，约 30 台装置完成海试，最大装机容量 220 kW，已有技术初步实现边远海岛供电。截至 2017 年年底，我国波浪能电站总装机容量达 0.1 MW，累计并网发电量约 1×10^4 kW · h。2017 年并网发电量约 1×10^4 kW · h。

2.4.4 温差能

2012 年，国家海洋局第一海洋研究所(现自然资源部第一海洋研究所)成功研制出第一台温差能发电装置，功率 15 kW。自然资源部第一海洋研究所研建的 10 kW 非共沸热力循环的海洋温差发电系统，连续运行时间大于 720 h，最高热力循环效率达 3.8%，如图 2-33 所示。

图 2-33　自然资源部第一海洋研究所 10 kW 海洋温差发电系统

此外，国家海洋技术中心研制的 5 台海洋观测平台温差能供电模块在北黄海进行了海试，最大海试功率 303 W，如图 2-34 所示。

图 2-34　国家海洋技术中心温差能供电模块

2017 年 5 月以来，我国共验收温差能项目 2 个。尽管如此，温差能发电技术总体来说仍处于比较初级的阶段，较低温差下工质的汽化与冷凝、海水腐蚀、生物腐蚀等问题仍有待进一步研究解决。

2.4.5　盐差能

中国在地理上具有江河众多、海岸线长的优势，因此盐差能资源较为丰富。但相较于其他各类海洋能，盐差能在我国的开发进程最为缓慢，基本处于停滞状态。国内关于盐差能利用的相关研究工作，始于 20 世纪 80 年代。1985 年 7 月，西安建筑科技大学率先成功研制了干涸盐湖浓差发电试验室装置。然而，之后的 20 多年中，国内对于盐差能发电技术的研究较少。

近期我国的盐差能发电装置研发是在 2013 年。中国海洋大学在海洋可再生能源专项资金支持下，通过对盐差能技术的研究与试验，设计制造了总装机容量 100 W 的盐差能发电装置样机，如图 2-35 所示。该发电装置样机的能量转换效率为 3%，运行时间超过 200 h，突破了渗透膜性能、膜组结构设计、渗透压力交换器、膜清洗技术等关键技术。

总体上说，我国海洋盐差能技术还处于基础研究和原理试验阶段。尽管目前世界范围内的盐差能发电技术仍不成熟，但已有专家预测，盐差能的开发和利用具有非常广阔的前景，在未来海洋能源开发利用的研发方面，盐差能也将会扮演越来越重要的角色。

图 2-35　中国海洋大学盐差能发电试验样机

3 海洋能开发利用标准化现状分析

近20年来，我国海洋能开发利用标准经历了从无到有并逐渐完善的过程，海洋能开发利用标准作为海洋能开发利用技术的高度总结和凝练，通过开展海洋能开发利用技术的标准化、规范化活动，可以进一步降低海洋能的研发和装置制造成本，统一海洋能开发利用的技术要求，推动海洋能产业的快速发展。本章主要对海洋能开发利用标准的内容进行介绍。

3.1 标准简介

标准的引用，自我国古代就已经开始，比如“不以规矩不能成方圆”，说的就是做圆形和做方形要用圆规和直角的直尺作为标准器；再比如秦始皇对度、量、衡的统一，也是标准化的具体体现。随着时代的发展和科技的进步，标准已经成为人类认识自然、利用自然、改造自然过程中不可或缺的一部分，或者说如果没有标准的存在，人类社会就会变成一个杂乱无章、混沌的社会。本节主要介绍标准的概念、级别和作用。

3.1.1 标准的基本概念

广义上说，标准、规范、规程都统称为标准。其中标准是对重复性事物和概念所做的统一的规定。标准以科学、技术和试验的综合成果为基础，经过有关部门的一致协商，由主管机构批准并以特定的形式发布，作为共同遵守的准则和依据[《标准化和有关领域的通用术语》(GB/T 3935.1)]；规范是对设计、施工、制造、检验等技术事项所做的一系列统一规定，一般为技术要求；规程是对工艺、操作、安装、检定、安全、管理等具体技术要求和实施程序所做的统一规定，一般为操作步骤或管理程序。任何标准的构成都包括种类要素、内容要素和级别要素三个方面。

标准的种类要素：按照标准化对象特征分为技术标准、管理标准和服务标准。技术标准是标准体系的主体。标准还可以按照专业、产品生产过程等要素分类。

标准的内容要素：不同种类的标准有其不同的内容，但每一种类的标准的内容要素是基本相同的，如产品标准包括技术要求、取样、试验方法、检验规则、标志标签和随行文件、包装运输和储存；试验方法标准包括原理、试验条件、试剂或材料、仪器设备、样品、试验步骤、试验数据处理、精密度和测量不确定度、质量保证和控制、试验报告。

标准的级别要素：我国现行的标准体制将标准分为强制性国家标准、推荐性国家标准、推荐性行业标准、推荐性地方标准、团体标准、企业标准。

3.1.2 标准的级别

2015年国务院印发的《深化标准化工作改革方案》(国发〔2015〕13号)指出，将政府主导的标准由6类整合精简为4类，分别是强制性国家标准、推荐性国家标准、推荐性行业标准、推荐性地方标准，市场自主制定的标准分为团体标准、企业标准。政府主导制定的标准侧重于保基本，市场自主制定的标准侧重于提高竞争力。同时国家鼓励相关机构在研发与生产过程中采用国际标准或国外先进标准，以提高产品的技术水平，增强国际竞争力。

国家标准(强制性国家标准、推荐性国家标准)是对全国经济、技术发展有重要意义而必须在全国范围内统一的标准，由国务院标准化行政主管部门组织制定。

行业标准是对没有国家标准而又需要在全国某个行业范围内统一的技术要求，由国务院有关的行业标准化行政主管部门组织制定，并报国务院标准化行政主管部门备案。

地方标准是对没有国家标准和行业标准而又需要在省、自治区、直辖市范围内统一的工业产品安全、卫生方面的标准。地方标准由省、自治区、直辖市标准化行政主管部门制定，并报国务院标准化行政主管部门和国务院有关行政主管部门备案。

团体标准是在标准制定主体上，鼓励具备相应能力的学会、协会、商会、联合会等社会组织和产业技术联盟协调相关市场主体工作制定满足市场和创新需要的标准，供市场自愿选用，增加标准的有效供给。

企业标准是企业生产的产品没有国家标准和行业标准的，由企业制定的标准，并鼓励企业制定高于国家标准、行业标准、地方标准、具有竞争力的企业标准，推动相关技术指标和检测方法的提升。

国际标准是指国际标准化组织(International Organization for Standardization，ISO)、国际电工委员会(International Electrotechnical Commission，IEC)、国际电信联盟(International Telecommunication Union，ITU)等机构所制定的标准以及ISO确认并公布的其他国际组织制定的标准，比如欧盟标准、美国电气与电子工程师协会标准等。

国外先进标准是指未经ISO确认并公布的其他国际组织的标准、发达国家的国家标准、区域性组织的标准、国际上有权威的团体标准和企业(公司)标准中的先进标准，比如EMEC(欧洲海洋能源中心)标准。

3.1.3 标准的重要作用

标准是“通过标准化活动，按照规定的程序经协商一致制定，为各种活动或其结果提供规则、指南或特性，供共同使用和重复使用的文件”。标准是标准化活动的成果也是标准化系统的最基本要素和标准化科学中最基本的概念。《国家标准化体系建设发展规划(2016—2020年)》中指出，“标准是经济活动和社会发展的技术支撑，是国家治理体系和治理能力现代化的基础性制度”，标准化作为标准的主要承载形式，在经济活动和社会发展的影响主要体现在以下几个方面。

1)标准化是市场质量安全保障的基础

标准是衡量质量特性的重要评判依据，没有标准就无法对产品的质量进行统一的评价，产品的质量也就得不到保障。随着时代的发展和社会的进步，社会分工的进一步细化，在宏观方面，标准是全面贯彻和落实质量安全的重要保障，只有严格执行各行业制定的相关标准和规范，才能从源头规范企业和其他单位节约资源、减少污染、提升安全水平；从微观方面，随着社会程度的不断扩大，生产规模的逐步提高，各行业的技术特点日益突出，生产协作也越来越广泛，一个产品或者一个活动往往影响着多个行业的技术发展，在这种社会化大生产下，必须有统一且广泛认知的标准来衡量和调整人在生产、贸易、消费、安全等活动领域的行为和利益关系，维系市场公平有序。

2）标准化有利于引导产业发展和优化产业结构

标准决定着市场的控制权，从这个意义上说，标准的制定方首先获得了市场的认同，具备获得巨大市场和经济利益的潜力。在知识经济时代，市场竞争的标准先行策略尤为突出，先进的标准可以引导优势产业迅速发展，也可以对现有资源进行整合优化，提高生产力。目前的社会和经济环境下，企业生产单一的产品已远远不能满足社会的需要，一方面企业扩大投入，尽快创新突破，开发新产品拓宽市场份额；另一方面企业要节约资本，提高生产效率，避免资源的浪费，这就引起了企业的资金紧张，在这种情况下，标准化的产品模块便能很好地解决这两个方面的问题。充分利用成熟技术和标准制造的产品模块，可以在低成本的前提下进行大批量生产，同时依据标准化模块研发的新产品，无论是产品开发周期还是产品开发兼容性、产品开发成本上都比传统开发过程有着不可比拟的优势。就市场而言，标准化模块的大规模应用，势必会推动相关行业的发展，不断吸收高科技人才和高新技术的投入，从而优化现有产业结构，进一步解放和发展生产力。

3）标准化是实现现代化管理的依托

当前社会各行各业都会面临管理方面的问题，都需要改善管理模式，提高管理效率，建立现代化的管理制度，以确保企业各方面工作都依章依规、有条不紊地进行。标准作为一种指导准则，建立完善的企业管理标准体系和企业标准管理规范，可以有效地促进企业管理工作的开展。如海信集团自 1998 年以来建立了 120 多项企业管理标准，使一切工作稳步进行，管理费用逐年降低；还有 ISO 9001 等现代化的企业管理标准框架，在人、机、料、法、环五个方面对企业生产的各方面工作都进行了约定，在实现客户期望的同时也强化了企业的产品质量。此外统一的语言、文字、图样、符号、标识、名词等基本标准是企业制定发展目标的基本条件，通过标准化的管理模式，政策制定者可以在同一平台进行科学的决策，指导和协调企业的运营方向，逐步实现企业的现代化管理。

4）标准化有助于保护环境和合理利用资源，推动社会可持续发展

通过制定和实施标准来保护环境、合理利用资源已成为世界各国的有效手段，如我国的《排污许可证申请与核发技术规范》《纺织染整工业水污染物排放标准》《海洋能开发利用标准体系》等标准。通过制定和规范合理的环境质量、污染物排放、海洋可再生能源利用标准，可以有效地在开发利用资源的同时，不人为破坏生态环境，秉承“青山绿水就是金山银山”的环境开发理念。同时标准还广泛地应用于社会管理以及社会服务中，可以促进卫生、教育、文化等方面的协调统一发展，加快东西部经济社会发展的平衡，积极有效地推动社会公共服务均等化，促进社会的可持续发展。

3.2 海洋能开发利用标准分析

自1982年第一部海洋国家标准发布以来，我国海洋标准化工作已经开展了近30年，在这30年中，我国海洋行业建立了比较完善的海洋行业标准体系和管理工作体系，形成了一批促进海洋经济发展、海洋技术进步的行业标准和国家标准。

3.2.1 海洋能开发利用标准简介

由于海洋能开发利用技术受投资高、风险大、效益回收慢等因素制约，与其他海洋技术相比，海洋能开发利用技术一直发展得较慢，其标准化工作也相对滞后。目前开展海洋能开发利用标准化技术的组织和机构主要有欧洲海洋能源中心（EMEC）、国际电工委员会（IEC）、全国海洋标准化技术委员会（SAC/TC 283）等。

1）欧洲海洋能源中心（EMEC）

欧洲海洋能源中心成立于2003年。作为世界上最著名的海洋能发电装置测

试及认证中心，EMEC 于 2009 年发布了用于资源评估、样机试验、性能评价、产业发展等方面共计 12 项指南和标准(表 3-1)。

表 3-1　EMEC 已发布的技术规范

序号	技术规范英文名称	技术规范中文名称
1	Assessment of Performance of Wave Energy Conversion Systems	波浪能转换系统性能评估
2	Assessment of Performance of Tidal Energy Conversion Systems	潮流能转换系统性能评估
3	Assessment of Wave Energy Resource	波浪能资源评估
4	Assessment of Tidal Energy Resource	潮流能资源评估
5	Guidelines for Health & Safety in the Marine Energy Industry	海洋能产业健康和安全指南
6	Guidelines for Marine Energy Converter Certification Schemes	海洋能转换器认证方案指南
7	Guidelines for Design Basis of Marine Energy Conversion Systems	海洋能转换系统设计基础指南
8	Guidelines for Reliability, Maintainability and Survivability of Marine Energy Conversion Systems	海洋能转换系统可靠性、可维护性及耐久性指南
9	Guidelines for Grid Connection of Marine Energy Conversion Systems	海洋能发电系统并网指南
10	Tank Testing of Wave Energy Conversion Systems	波浪能转换系统水槽测试
11	Guidelines for Project Development in the Marine Energy Industry	海洋能产业项目开发指南
12	Guidelines for Manufacturing, Assembly and Testing of Marine Energy Conversion Systems	海洋能转换系统制造、组装和测试指南

2)国际电工委员会(IEC)

国际电工委员会(IEC)是制定和发布国际电工电子标准的非政府性国际机构，1906 年成立于英国伦敦。2007 年国际电工委员会/海洋能——波浪能、潮流能和其他水流能转换设备技术委员会(IEC/TC 114)成立，现任秘书 Danny Peacock (英国)，现任主席 Jonathan Colby(美国，任期至 2022 年 10 月)。IEC/TC 114 每年召开一次全体会议。IEC/TC 114 的秘书处设在英国，我国技术对口单位为哈尔滨大电机研究所。IEC 技术委员会和分委会由参加成员和观察成员两部分组成，参加成员具有对在技术委员会或分委会内提交表决的所有问题、询问草案和最终国际标准草案进行投票表决以及参加每年 IEC 年会的权利和义务。目前 IEC/TC 114 现有成员 14 个，中国是成员之一。截至 2019 年，IEC/TC 114 已发布技术规范 14 项(表 3-2)。

表 3-2 IEC/TC 114 已发布的技术规范

序号	技术规范英文名称	技术规范中文名称
1	IEC/TS 62600—1：2019 Marine Energy - Wave, Tidal and Other Water Current Converters - Part 1: Terminology	海洋能——波浪能、潮流能和其他水流能转换装置——第 1 部分：术语
2	IEC/TS 62600—2：2016 Marine Energy - Wave, Tidal and Other Water Current Converters - Part 2: Design Requirements for Marine Energy Systems	海洋能——波浪能、潮流能和其他水流能转换装置——第 2 部分：海洋能系统的设计要求
3	IEC/TS 62600—10：2015 Marine Energy - Wave, Tidal and Other Water Current Converters - Part 10: Assessment of Mooring System for Marine Energy Converters (MECs)	海洋能——波浪能、潮流能和其他水流能转换装置——第 10 部分：海洋能系统锚固系统评估
4	IEC/TS 62600—20：2019 Marine Energy - Wave, Tidal, and Other Water Current Converters - Part 20: Design and Analysis of an Ocean Thermal Energy Conversion (OTEC) Plant - General Guidance	海洋能——波浪能、潮流能和其他水流能转换装置——第 20 部分：海洋能转换装置温差能设计和分析——一般导则
5	IEC/TS 62600—30：2018 Marine Energy - Wave, Tidal and Other Water Current Converters - Part 30: Electrical Power Quality Requirements	海洋能——波浪能、潮流能和其他水流能转换装置——第 30 部分：电力需求
6	IEC/TS 62600—40：2019 Marine Energy - Wave, Tidal and Other Water Current Converters - Part 40: Acoustic Characterization of Marine Energy Converters	海洋能——波浪能、潮流能和其他水流能转换装置——第 40 部分：海洋能转换装置声学特性
7	IEC/TS 62600—100：2012 Marine Energy - Wave, Tidal and Other Water Current Converters - Part 100: Electricity Producing Wave Energy Converters - Power Performance Assessment	海洋能——波浪能、潮流能和其他水流能转换装置——第 100 部分：波浪能转换装置——电力性能评估
8	IEC/TS 62600—101：2015 Marine Energy - Wave, Tidal and Other Water Current Converters - Part 101: Wave Energy Resource Assessment and Characterization	海洋能——波浪能、潮流能和其他水流能转换装置——第 101 部分：波浪能资源评估及特征描述
9	IEC/TS 62600—102：2016 Marine Energy - Wave, Tidal and Other Water Current Converters - Part 102: Wave Energy Converter Power Performance Assessment at a Second Location Using Measured Assessment Data	海洋能——波浪能、潮流能和其他水流能转换装置——第 102 部分：用已有实海况运行测量数据评估波浪能转换设备在预投放点的发电性能

续表

序号	技术规范英文名称	技术规范中文名称
10	IEC/TS 62600—103：2018 Marine Energy - Wave, Tidal and Other Water Current Converters - Part 103: Guidelines for the Early Stage Development of Wave Energy Converters - Best Practices and Recommended Procedures for the Testing of Pre - Prototype Devices	海洋能——波浪能、潮流能和其他水流能转换装置——第 103 部分：波浪能转换设备前期发展导则——前期原型设备测量的最佳操作规范及推荐流程
11	IEC/TS 62600—200：2013 Marine Energy - Wave, Tidal and Other Water Current Converters - Part 200: Electricity Producing Tidal Energy Converters - Power Performance Assessment	海洋能——波浪能、潮流能和其他水流能转换装置——第 200 部分：潮流能转换装置——电力性能评估
12	IEC/TS 62600—201：2015 Marine Energy - Wave, Tidal and Other Water Current Converters - Part 201: Tidal Energy Resource Assessment and Characterization	海洋能——波浪能、潮流能和其他水流能转换装置——第 201 部分：潮流能资源评估及特征描述
13	IEC/TS 62600—300：2019 Marine Energy - Wave, Tidal and Other Water Current Converters - Part 300: Electricity Producing River Energy Converters - Power Performance Assessment	海洋能——波浪能、潮流能和其他水流能转换装置——第 300 部分：河流能转换装置——电力性能评估
14	IEC/TS 62600—301：2019 Marine Energy - Wave, Tidal and Other Water Current Converters - Part 301: River Energy Resource Assessment	海洋能——波浪能、潮流能和其他水流能转换装置——第 301 部分：河流能资源评估

3）全国海洋标准化技术委员会（SAC/TC283）

2005 年国家标准化管理委员会批准建立了全国海洋标准化技术委员会（SAC/TC283）（以下简称"全国海洋标委会"），全面负责我国海域使用论证、海洋环境保护、海洋行政执法、海洋经济活动、海洋权益保护及海洋公益等标准化工作。之后，又相继成立了海洋生态环境保护、海洋观测及海洋能源开发利用、海洋调查技术及方法等 8 个专业分技术委员会。其中，海洋观测及海洋能源开发利用分技术委员会（SAC/TC283/SC2）全面负责海洋能开发利用相关标准的管理工作［由于部门重组，目前已更名为海域海岛及海洋能源开发利用分技术委员会（SAC/TC283/SC1）］，其主要职能如下。

（1）按照国家标准制修订原则，借鉴和采取国际标准和国外先进标准的方针，制定和完善本专业的标准体系框架表，提出制修订本专业国家标准、行业标准的长远规划和年度计划的建议。

(2)组织本专业国家标准和行业标准送审稿的审查工作，对标准中的技术内容负责，提出审查结论意见，报全国海洋标委会审核，定期复查本专业已发布的国家标准和行业标准，提出修订、补充、废止或继续执行的意见。

(3)负责本专业国家标准、行业标准的宣传贯彻和解释工作，收集对标准执行过程中的反馈意见，担负本专业标准化成果的审核，并提出奖励项目的建议。

(4)协助全国海洋标委会承担本分标委对口的国际标准化工作，包括对国际标准文件的表态，审查我国提案和国际标准的中文译稿，参加本专业领域国内外标准化学术交流，跟踪、分析相关国际标准和国外先进标准，并提出采纳国际标准的建议等。

我国目前已发布的海洋能国家标准和行业标准见表3-3。

表3-3　我国已发布的海洋可再生能源利用标准

序号	标准号/标准项目编号	标准名称	性质与级别	实施日期
1	GB/T 33441—2016	海洋能调查质量控制要求	GB/T	2017年7月1日
2	GB/T 33442—2016	海洋能源调查仪器设备通用技术条件	GB/T	2017年7月1日
3	GB/T 33543.1—2017	海洋能术语　第1部分：通用	GB/T	2017年10月1日
4	GB/T 33543.2—2017	海洋能术语　第2部分：调查和评价	GB/T	2017年10月1日
5	GB/T 33543.3—2017	海洋能术语　第3部分：电站	GB/T	2017年10月1日
6	GB/T 34910.1—2017	海洋可再生能源资源调查与评估指南　第1部分：总则	GB/T	2018年2月1日
7	GB/T 34910.2—2017	海洋可再生能源资源调查与评估指南　第2部分：潮汐能	GB/T	2018年2月1日
8	GB/T 34910.3—2017	海洋可再生能源资源调查与评估指南　第3部分：波浪能	GB/T	2018年4月1日
9	GB/T 34910.4—2017	海洋可再生能源资源调查与评估指南　第4部分：海流能	GB/T	2018年2月1日
10	GB/T 35050—2018	海洋能开发与利用综合评价规程	GB/T	2018年12月1日
11	GB/T 35724—2017	海洋能电站技术经济评价导则	GB/T	2018年7月1日
12	GB/T 36999—2018	海洋波浪能电站环境条件要求	GB/T	2019年7月1日
13	HY/T 045-1999	海洋能源术语	HY/T	1999年7月1日
14	HY/T 155—2013	海流和潮流能量分布图绘制方法	HY/T	2013年5月1日

续表

序号	标准号/标准项目编号	标准名称	性质与级别	实施日期
15	HY/T 156—2013	海浪能量分布图绘制方法	HY/T	2013 年 5 月 1 日
16	HY/T 181—2015	海洋能开发利用标准体系	HY/T	2015 年 10 月 1 日
17	HY/T 182—2015	海洋能计算和统计编报方法	HY/T	2015 年 10 月 1 日
18	HY/T 183—2015	海洋温差能调查技术规程	HY/T	2015 年 10 月 1 日
19	HY/T 184—2015	海洋盐差能调查技术规程	HY/T	2015 年 10 月 1 日
20	HY/T 185—2015	海洋温差能量分布图绘制方法	HY/T	2015 年 10 月 1 日
21	HY/T 186—2015	海洋盐差能量分布图绘制方法	HY/T	2015 年 10 月 1 日

我国目前在研的海洋能国家标准和行业标准见表 3–4。

表 3–4　我国在研的海洋可再生能源利用标准

序号	标准号/标准项目编号	标准名称	性质与级别	实施日期
1	20184587—T—418	潮流能发电装置功率特性现场测试方法	GB/T	2020 年
2	20184588—T—418	海洋能电站发电量计算技术规范第 1 部分：潮流能	GB/T	2020 年
3	20184589—T—418	海洋能电站发电量计算技术规范第 2 部分：波浪能	GB/T	2020 年
4	20184590—T—418	海洋能电站选址技术规范第 1 部分：潮流能	GB/T	2020 年
5	20184591—T—418	海洋能电站选址技术规范第 2 部分：波浪能	GB/T	2020 年
6	201810028—T	振荡体式波浪能发电装置室内测试试验方法	HY/T	2020 年
7	201810029—T	振荡水柱式波浪能发电装置室内测试试验方法	HY/T	2020 年
8	201710047—T	海洋能发电装置技术评估第 1 部分：评估方法	HY/T	2019 年 12 月
9	201610025—T	潮流能发电装置研制的技术要求	HY/T	2019 年 12 月

我国已转化的国际标准见表 3–5。

表 3–5　我国已转化的国际标准

序号	标准号/标准项目编号	标准名称	性质与级别	实施日期
1	220142333—T—604	海洋能——波浪能、潮流能和其他水流能转换装置：术语	GB/T 37551—2019	2020 年 1 月 1 日

3.2.2 国外海洋能开发利用标准分析

为进一步梳理国外现行的海洋能开发利用标准情况，首先将EMEC和IEC的海洋能标准进行翻译，并分析每项标准的主要内容，从而掌握国外海洋能开发利用标准的发展趋势。下面列举EMEC和IEC海洋能开发利用标准的主要内容。

3.2.2.1 EMEC海洋能开发利用标准分析

1)《波浪能转换系统性能评估》(Assessment of Performance of Wave Energy Conversion Systems)

《波浪能转换系统性能评估》是EMEC出版的关于在远海测试地点评估波浪能转换系统(Wave Energy Conversion Systems，WECS)性能方法的标准规范，适用于开放海域漂浮的波浪能发电装置和海底锚定式波浪能发电装置的原型机测试，并不适用于封闭环境内的装置测试。本标准包括范围、引用标准、术语定义和符号、测试地点、测量总则、波浪能转换系统输出功率的测量、波浪测量、气象测量、性能指标的计算、报告10个部分。

标准提出了在测试地点测试水深、海流、潮汐、波浪的测量模型和测量方法，规定了开放海域进行测试时风速、风向等气象要素的测量要求，建议波浪能转换系统输出功率的样本采集应在1 h以上且连续采集24 h。标准规定了进行海上测试时波浪测量仪器的布置位置和要求，给出了波浪能转换系统性能评估的性能指标计算方法，确定了功率测量和捕获长度的计算公式。该标准为沿海国家测量WECS能源输出提供统一的测量方法，为报告这些测量的结果提供统一的框架，对估算WECS发电装置布放海域的波浪能资源的详细信息具有指导意义。

2)《潮流能转换系统性能评估》(Assessment of Performance of Tidal Energy Conversion Systems)

《潮流能转换系统性能评估》适用于潮流能发电装置(潮流能转换系统)的电力性能测量和分析。标准包括范围、规范性引用文件、术语定义符号和缩写、测试条件、测试装置、潮流能转换系统装置性能测量程序、导出结果、报告格式8个部分。

标准建立了统一的潮流能转换系统性能评估方法，以确保潮流能转换系统在电力性能测量和分析过程中的一致性和精确性，也为潮流能转换系统在性能测试过程中的测试、分析方法和报告编写提供了指导。该标准指出，在进行潮流能转换系统性能测试前应首先对试验地点进行水文环境测量，获得试验水深和试验地点潮流能资源的大致调查结果，考虑试验地点的资源特点与装置实际布放地点资源特点差异。在电功率测量方面，标准规定必须使用三相或二相的电力测量装置且电力测量装置的精度应统一为0.5级。在潮流测量方面，标准规定测流装置应至少具有0.05 m/s的测量精度，测流采样频率至少为2 Hz且每10 min集成一次数据。在潮流能转换系统性能测量方面，标准给出了潮流能俘获功率的计算公式和发电装置的功率曲线绘制方法，指出进行测量时应有不少于15 d的资源数据，以便对功率曲线趋势作出可靠的预测。该标准还给出了功率曲线绘制过程中的不确定水平的计算方法和功率系数的表达公式。

3)《波浪能资源评估》(Assessment of Wave Energy Resource)

标准适用于波浪能规划人员和波浪能发电装置研发人员对目标海域波浪能资源的评估工作。标准包括范围、引用标准、术语符号和定义、资源评估程序概述、资源描述、测量、波浪模型、波浪能发电装置发电量计算、气象存档、资源数据介绍10个部分。

标准以方向谱和时域、频域来对资源进行描述，确定进行波浪功率密度的采样时长为1 h，从而确保采样样本覆盖整个海况信息。标准建议采用的波浪测量仪器有波浪浮标、声学多普勒流速剖面仪ADCP、压力传感器、高频地波雷达、X波段雷达5类测量仪器，并且对每种测量仪器的工作原理、数据格式、输出传输等内容进行了描述。标准还对英国气象局模型、WMA模型、SWAN模型、Mike21模型4种波浪模型进行了介绍，确定了模型频谱计算功率密度的公式。在质量控制部分，标准介绍了因为误差或故障引起的数据异常解决办法，提出采用时间检测序列的方法来检测获得数据是否满足质量控制要求，建议试验中的异常数据不应被舍弃，而应该做好标记，等待研究人员审核是否可被采用。该标准还额外介绍了一种波浪能发电装置的发电量计算方法，可以作为评估波浪能发电装置性能的参照。

4)《潮流能资源评估》(Assessment of Tidal Energy Resource)

《潮流能资源评估》为进行潮流能资源评估研究提供了指导，适用于科研人员在不同的研发阶段对某一海域的潮流能资源进行评估、测量和分析工作。标准包括范围、引用标准、术语定义和符号、项目介绍、潮流流速估算、数据测量、数据分析、年平均发电功率、可用及可获取资源、报告 10 个部分。

标准引用了“IEC 61400—12—1：2006 风力发电机——风力发电的动力性能测量”、国际水道测量组织(International Hydrographic Organization，IHO)水文测量标准等文件，将资源评估阶段划分为“第 1 阶段区域评估——场址勘选”“第 2a 阶段场址评估——预可行性研究”“第 2b 阶段场址评估——全面可行性研究”“第 3 阶段技术设计”4 个阶段，对每一阶段的评估目标、评估区域、约束因素都进行了描述。标准充分考虑了评估海域应用潮流能发电装置的通用参数(包括叶片直径、装置距离海面及海底高度、阵列型发电装置的间距等)，提出了每一阶段的潮流流速估算要求，在第 1、第 2a 阶段可采用 4 个分潮进行简化分析，在第 2b、第 3 阶段至少采用 20 个分潮进行分析。标准列举了可采用的 ADCIR、ADH、CH2D/CD3D 等 21 个水动力模型，给出了每个阶段进行资源评估的网格分辨率的推荐值。在潮流样本数据采集时间上，标准指出在第 2b 阶段，阵列型潮流能发电装置的资源评估推荐数据采集时间至少为 3 个月，单机装置至少为 15 d；在第 3 阶段，阵列型潮流能发电装置的资源评估推进数据采集时间至少为 1 a，单机装置至少为 30 d。数据采集频率时间间隔为 2 ~ 10 min，测量流速传感器的布放距离应为 0. 5 m 或 1 m。在数据记录上应该有时间、3 个方向的流速、3 个方向的信噪比、温度、压力等数据信息。标准的最后给出了潮流能发电装置的年平均发电功率计算表格，根据不同形式下的潮流能发电装置计算了年平均发电功率。

5)《海洋能产业健康和安全指南》(Guidelines for Health & Safety in the Marine Energy Industry)

标准对海洋能发电装置设计、制造、安装、运行、维护、停运等阶段的人员健康和安全作业行为进行了规范。该标准认为，波浪能发电装置和潮流能发电装置的实际海况工作环境比较恶劣，严重影响了设计研制人员和装置本身的安全，因此需要项目开发者在整个项目周期都要坚持最高的健康和安全标准。

标准包括引言、标准性质、标准地位、更多信息、完善的健康与安全管理原则、相关法律与标准、场地选择初始场地勘测及规划注意事项、设计规范生产及检验、工程安装调试及停运、运行和维护 10 个部分。标准分析了波浪能和潮流能发电装置研制应遵循的健康和安全问题，提出了适用于两种发电装置研制的健康和安全要求，并根据发电装置类型的不同加以区分。标准列举了在海洋能发电装置整个生命周期阶段可能需要遵守的法律和条例，如《工作健康与安全法案 1974》《工作健康与安全管理条例 1999》《安全代表与安全委员会条例 1977》《潜水作业管理条例 1997》等，并对《建筑(设计和管理)条例》(CDM 条例)进行了详细解读。

标准要求项目开发者需要制定完善的健康与安全方针计划并加以实施。标准根据海洋能发电装置研制阶段的不同，在初始场地选择阶段、设计生产检验阶段、工程安装调试、运行维护阶段分别对每个阶段中可能出现影响人员和设备健康安全的情况进行了规范，要求建立安全监督和风险识别评估机制，制定应急响应预案，从而达到通过组织管理提升健康和安全标准的目标。

6)《海洋能转换器认证方案指南》(Guidelines for Marine Energy Converter Certification Schemes)

标准为海洋能转换装置和装置研制企业提供了完整的认证流程和认证方案，目的是为任何尺寸、任何类型的海洋能发电装置认证活动提供世界范围内统一的基础通用规定。标准包括范围、规范性引用文件、术语和定义、缩略语、认证机构认可准则、认证体系管理、认证范围 7 个部分。

标准认为，开展认证的组织或机构应该是独立的第三方，不应在业务或财务领域与申请认证的企业具有关联性，申请认证的材料应该在 5 年的时间内限制访问从而保证材料的安全保密。认证组织或机构可以颁发可行性陈述文件、设计评估文件、部件或组件产品证书、检验报告、样机证书、定型证书、型式证书、项目证书等认证证书或认证材料。

申请认证的类型依据 ISO/IEC《指南 65：运行产品认证体系机构的通用要求》分为型式认证和项目认证。在型式认证中要求认证组织和机构应该对控制和保护系统、载荷和载荷工况、机械结构及电气部件、组件测试、系泊设计、制造和安装计划、维护和检验计划、人员安全等方面进行评估后出具评估陈述报告、检验报告、样机证书等材料，并对型式试验完成情况及型式试验性能的测量结果进行最终评价，出具型式认证证书。在项目认证中，认证组织或机构应对海洋能发电装置运行现场、基础和系泊设计、装置的安装或布放、运营和维护等方面进行评估或评价，出具项目认证证书。

7)《海洋能转换系统设计基础指南》(Guidelines for Design Basis of Marine Energy Conversion Systems)

标准提出了海洋能发电装置在工程样机研制阶段的装置性能及环境的相关要求，适用于海洋能发电装置能量转换系统和机械结构的优化设计。标准包含范围、管理设计过程、装置概述、环境指南、载荷指南、系泊系统等 21 个部分。标准认为，在进行海洋能发电装置设计时，应该建立适合装置设计水平的质量保证体系，考虑装置对人员健康以及环境的影响；当设计依据的标准规范有异议时，应当依次先后遵循国际标准、国家标准、行业标准的要求，避免设计冲突。

标准提出了进行海洋能发电装置设计时载荷、疲劳性、共振频率、防腐蚀方面的要求：设计海洋能发电装置载荷时应该考虑船只碰撞、材料形变以及极端环境对装置载荷的影响；在疲劳性设计时，应该根据不同的适用条件选择合适的疲劳载荷分析方法(确定性方法、频谱方法、时域方法)；在共振频率设计时，应该考虑固有频率及外部影响频率对装置共振的影响；在防腐蚀性方面应该考虑混凝土结构、钢结构、系泊系统的腐蚀率，推荐采用喷涂防腐蚀涂层或冗余设计的方法，减少腐蚀影响。此外，标准还对海洋能发电装置的电气设备、管道系统、仪表和控制系统以及海底电缆等部分的设计要求进行了详细规定。总地来说，该标准涵盖了海洋能发电装置设计方面的多项开发内容，有助于研发机构和单位提高海洋能发电装置的研发能力。

8)《海洋能转换系统可靠性、可维护性及耐久性指南》(Guidelines for Reliability, Maintainability and Survivability of Marine Energy Conversion Systems)

标准认为，影响海洋能发电装置性能质量的 3 个关键要素为可靠性、可维护性和耐久性，并从装置原理设计到装置安装布放全过程对提高可靠性、可维护性和耐久性的技术手段进行了描述。标准包括可靠性、可维护性及耐久性的影响因素、风险分析、保障要求、分析模型等12个部分。

标准认为，影响海洋能发电装置性能的因素很多，其中最关键的三个要素为可靠性、可维护性和耐久性，标准还给出了这三种要素的表述方法，如平均故障间隔时间(MTBF)、平均修复时间(MTTR)、免维护运行期(MFOP)、维护修复期(MRP)等。由于可靠性、可维护性、耐久性在经济和技术层面相互影响，因此在进行可靠性、可维护性设计时应该充分考虑经济效益、技术可行性、冗余度等问题，使三者之间相互平衡。标准提出了提供可靠性、可维护性和耐久性的3种数学模型，包括故障模式影响及危害性分析(FMEA)、危险及可操作性分析(HAZOP)、维护任务分析(MTA)。FMEA主要在技术层面分析进行海洋能发电装置设计时可能遇到的设计错误及错误修正方式；HAZOP主要在装置实际运行层面分析可能遇到的运行问题及问题修正或应急预案；MTA主要是以可靠性为中心，通过收集装置定期维护保养过程中遇到的问题，来应对装置可能发生的故障，并使预防性维护、故障维护、定期保养之间取得平衡，提高经济收益。标准的最后建议海洋能发电装置样机运行时应当建立故障报告和纠正措施数据库，从宏观方面对装置的可靠性、可维护性、耐久性指标进行经验总结以提高装置的研制质量。

9)《海洋能发电系统并网指南》(Guidelines for Grid Connection of Marine Energy Conversion Systems)

标准规定了英国海洋能发电装置并入电网的设计要求，适用于132 kV以下的配电网装置。标准包括范围、规范性引用文件、术语和定义、电力参数、保护、离网电力、接地、电磁兼容、调试及信息、运行10个部分。

该标准不同于现行的标准和规范，在优先顺序上，应低于现行的标准和规范。标准按照英国现行的电力标准要求，指出电网接入的额定频率为50 Hz±1%，发电机的额定输出功率的频率应在49.5~50.5 Hz之间，遇到异常情况时频率低于正常频率6%或高于1%的持续时间不超过0.5 s，电网接入的电压不应超过132 kV，电压波动偏差为6%。在海洋能发电装置电能质量的要求方面，标准建议可参照相同地区的风力发电机组相关标准获得。该标准还指出，对于并入电网的海洋能发电装置，应该具备电气保护装置，如断路器、保险丝，且建议电气保护装置安装在岸上或近岸变电站中。对于孤岛模式独立发电系统(即在某种条件下，发电系统从电网中分离出来单独发电)，标准提出要在设计时考虑电气设施在孤岛模式工作时的运行条件，并建立适用于孤岛模式的发电装置配电计划、接地系统以及保护系统，确保海洋能发电装置在孤岛离网运行模式下安全运行。该标准还建议，添加合适的二次同步设备，当再次与主电网接通时，孤岛模式运行下的发电装置可以在最早的时间实现同步。标准还引用了英国《电力安全、质量与连续性条例》等规范对并网海洋能发电装置的接地、电磁兼容性进行了规定。

10)《波浪能转换系统水槽测试》(Tank Testing of Wave Energy Conversion Systems)

标准介绍了开展波浪能发电装置室内测试的基本程序和方法。适用于研发人员对小比例到全比例尺波浪能发电装置室内测试试验工作。标准包括适用范围、术语定义和缩略词、测试目的、推荐波测试、测试设备、技术方法、报告7个部分。

标准把波浪能发电装置测试的阶段划分为5种：验证模型阶段(比例尺1∶20~1∶100)、设计模型阶段(比例尺1∶10~1∶25)、物理模型阶段(比例尺1∶3~1∶10)、原理样机阶段(比例尺1∶1~1∶2)、工程样机阶段(比例尺1∶1)，描述了每个阶段进行测试的试验设备、试验时间、试验工况、试验内容和预计的试验费用。此外标准还给出了波浪能发电装置进行规则波试验和不规则波试验时的数学分析模型，建议除了开展装置性能测试以外，还需开展生存性测试、适航性测试等试验。在模型试验环节，标准给出了波浪能发电装置的模型构建、模型设计和系泊模型的方法，并对测试水槽、水池、造波板、波高仪、数据采集系统等试验仪器和试验设备提出了相应的要求，标准的最后给出了试验数据的分析方法和试验报告的框架格式。

11)《海洋能产业项目开发指南》(Guidelines for Project Development in the Marine Energy Industry)

标准立足于英国当前的政策和法律，在假设海洋能发电技术已相对成熟的前提下，提出了进行海洋能产业项目开发的关键步骤和可能遇到的问题，并且突出了项目开发过程中的安全与健康理念。标准包括范围、规范性引用文件、术语定义、项目开发策略、站址选择、项目可行性、项目设计与开发、项目建设与安装、运行与维护、停运10个部分。

项目开发策略阶段应拟定项目开发策略报告，进行市场应用调研分析，分析开展该海洋能项目的收益点和制约点，明确潜在的竞争对手和项目客户。制定商业案例分析、项目执行计划，明确界定进行海洋能产业项目开发的目标并确保与项目进展同步进行。对项目进行风险分析，预估可能遇到的风险以及应对策略。

站址选择阶段应选取多个目标站址进行比对。首先，评估项目开发对站址环境的影响，确保站址的选择满足现行法律政策（如英国的《战略环境评价条例2001/42/EC》）；其次，开展站址资源评估和水文地质条件勘察，分析该站址的海洋能资源储备，分析该站址的平均海洋气候条件和极端气候条件，勘察站址的海底地形条件和水深，分析该站址进行海洋能项目并网及设备物流运输的经济性和便利性；最后，分析选取站址过程中对人员健康和安全方面的风险。

项目可行性阶段要求对拟定选择的一个或多个站址开展可行性评估。在技术层面，预测分析开展海洋能项目的技术难点，技术限制，环境效应，安全效应，投入成本，装置的可靠性、可维护性、耐久性等因素。在经济层面，预测分析开展海洋能项目的市场前景、项目融资方案、发电装置安装运行维护成本、投资收益率等因素。在健康与安全层面，要求依据《建筑（设计及管理）条例》（CDM2007）规定制定安装设计、规划、执行过程中的所有相关保障健康和安全的制度。

项目设计与开发阶段关注的重点首先是海洋能项目可以获得相关管理部门的审批或授权，因此项目设计与开发的主要工作是完成环境影响评价报告，提供尽可能详细的项目信息，确定环境影响评价的程序或方法，完成环境评价概要和环境评价总结，协同技术层面文件一并提交给相关管理部门审批。其次是进行项目设计和制定原材料、设备采购计划，复查与更新成本估算、项目风险及项目实施步骤与当前海洋能项目的匹配性和适用性。

项目建设与安装阶段要求建造方依据项目合同要求建造海洋能发电装置，进行相应的测试和出厂检验，具体条文可参照《海洋能转换系统制造、组装和测试指南》。在安装过程中应该执行符合项目安装要求的技术标准规范和涉及环境影响的相关规章和制度，发电装置安装完成后应先进行适当的测试再完成交付。

运行与维护阶段要求项目执行方指定“运营和管理方案”，并保持审查与更新，包括明确管理机构的人员和职责、制定应急程序和安全管理计划、对技术性能的检查和审计、对备品备件的管理情况、计算项目执行周期的运营和维护成本、技术项目总体利润等工作。

停运阶段要求海洋能项目达到规定的运营期限后应该停止运行，相关的基础设施也应按照法律和制度予以拆除。在申请项目停运前，需要设立停运资金以保证项目停运过程及其他修复过程的费用，向相关部门提交停运申请。停运前和停运后都应该开展现场考察，确定并适当消除停运后对环境的影响。

12)《海洋能转换系统制造、组装和测试指南》(Guidelines for Manufacturing, Assembly and Testing of Marine Energy Conversion Systems)

标准提供了一个在海洋能转换系统制造过程中质量控制的框架，适用于潮流能发电机、波浪能转换系统、海上风能转换系统以及其他利用海洋环境能源发电的设备。标准包括适用范围、引用标准、术语定义、合同评审、制造和生产工艺、焊接、焊接的检验和测试、组装、电气设备、表面涂层、工厂验收试验、认证 12 个部分。

标准认为，由于海洋能转换系统长时间在水下工作，设备需求方和制造方可能没有相关的研制经验，因此需要提前签订一个制造合同并经过专家评审，确认制造方有足够的技术和经济实力可以完成海洋能转换系统的制造。在移交需求方时，需要在工厂货岸上进行基础测试。

在材料处理上，标准认为，需要运输的机铸件应该采用不可消磨的油墨，在合理的条件下，不锈钢和合金焊接应尽可能地使碳钢分离，在焊接工作完成后，不锈钢焊缝应使用酸浸的方式进行钝化。在材料成形上，标准认为，热冷成形应该尽可能由机器完成，不应使用局部加热或锻锤锤击。在管制材料上，标准认为，直径小于 600 mm 的管壳公差小于直径的 1%；直径 600~2 000 mm 的管壳公差小于直径的 1%或 6 mm；直径大于 2 000 mm 的管壳公差小于直径的 1%或 16 mm。

在焊接工艺上，标准指出，开展焊接的制造单位或企业应该具有焊接工艺体系，焊接工作人员应该具有被公认的国际标准授权的资质，焊接的设备参数满足焊接工艺的要求，焊接设备的量值溯源符合国家标准。焊接工艺完成后应该开展无损检测(NDT)，对于不合格的焊接，在修复前需要确定导致焊接失败的原因，已修复的焊接区域应该100%通过相同检验标准的检验。

在装置组装上，标准认为，需要进行组装的零部件应摆放在干净清洁的区域，避免与喷涂区域、焊接区域等具有污染性粉尘的区域接触。用于进行组装的工具，如扭矩扳手、仪器仪表等应进行校准。在装配液压件时，装配前需要将液压和空气管道清洗干净，禁止使用普通水暖工程采用的密封胶带密封；螺纹压力配件应该使用适当的密封剂密封，装配完成后需要进行液压介质样本污染分析。在装配管道系统时，装配前需要进行无损检测(NDT)，法兰面应完好无损，法兰螺栓孔应跨越中心线，螺栓拧紧后应该有两个螺纹露出螺母。

海洋能转换系统的电气设备应该满足设计规范要求的IP等级，电气设备的检验应该由具有资质的电气工程师按照设计规范或者IEE—BS 7671最新版本的要求进行组装或检验。

海洋能转换系统的表面喷涂前需要磨平所有粗糙的焊接点，所有表面应远离任何杂质，如残渣、油脂、盐渍等。底涂层应在喷砂后4 h内完成，对于需要第二涂层的产品，在喷涂前需要喷刷所有焊缝、螺栓、角落和其他喷涂未覆盖区域。

3.2.2.2 IEC海洋能开发利用标准分析

1)《IEC/TS 62600—1：2019 海洋能——波浪能、潮流能和其他水流能转换装置——第1部分：术语》(Marine Energy - Wave, Tidal and Other Water Current Converters - Part 1: Terminology)

标准为基础通用性标准，是继IEC/TS 62600—1：2011后的修订版本。IEC制定本标准的目的是提供统一的、精确的名词释义，有助于海洋能项目的开发、海洋能产业发展及后续海洋能标准化的推广。标准术语涵盖了波浪能开发利用及潮流能开发利用领域中的海洋能专业术语，但是不包括潮汐能、近海风能、海洋生物质能、温差能以及盐差能的专业术语。

术语类标准是标准中最为关键的基础性标准。为了统一国际与我国海洋能术语标准的定义，进一步推广 IEC 62600 海洋能系列标准在我国的应用，国家海洋技术中心、哈尔滨大电机研究所、中国科学院广州能源研究所等单位联合完成了《IEC/TS 62600—1：2011 海洋能——波浪能、潮流能和其他水流能转换装置——第 1 部分：术语》110 条术语的国内转化工作，编制完成了《海洋能——波浪能、潮流能和其他水流能转换装置术语》(GB/T 37551—2019)。该标准相对于国际标准 IEC/TS 62600—1：2011，大幅度调整了标准结构和标准内容，使转化的国家标准适用于当前海洋能发展的技术状态。在标准结构方面，原 IEC 标准内容是按照英文字母顺序排列，不符合我国国家标准的编制要求，为了便于理解标准内容，编制人员将原标准结构调整为环境、技术、转换装置 3 个部分，每个部分又分为通用术语、波浪能术语、潮流能术语和其他水流能术语。在标准内容方面，IEC/TS 62600—1：2011 多数直译的标准内容并不符合我国现状，为此标准编制人员依据我国现有的标准、书籍和行业内企事业单位、高等院校的专家对术语的认识和理解，修改、增加或减少了原标准内容，并在符合行业业内认可的前提下，尽可能使转化的标准与国际标准内容一致，修改完善的标准与 IEC/TS 62600—1：2011 的技术差异性及其修改原因以资料性附录的形式给出。目前，《海洋能——波浪能、潮流能和其他水流能转换装置术语》(GB/T 37551—2019)已正式实施。

2)《IEC/TS 62600—2：2016 海洋能——波浪能、潮流能和其他水流能转换装置——第 2 部分：海洋能系统的设计要求》(Marine Energy - Wave, Tidal and Other Water Current Converters - Part 2: Design Requirements for Marine Energy Systems)

IEC/TS 62600—2 标准提供了波浪能、潮流能和其他水流能转换装置在生命周期内系泊、锚系、桩基等结构的设计要求，适用于波浪能、潮流能、河流能转换装置，不适用于温差能、盐差能转换装置。标准包括范围、规范性引用文件、术语和定义、符号和缩写词、一般原则、外部条件、载荷和载荷响应、材料、主体结构设计、机械电气仪器系统、锚定和基础考虑事项、检查要求、寿命周期内的注意事项 13 个部分。

IEC/TS 62600—2 认为对海洋能转换系统的设计进行规范化要求是相当重要的，在进行海洋能转换装置设计时，需要考虑装置在正常运行条件和极限条件的海洋环境下的强度、疲劳和生存特性，还需要考虑 PTO 故障、电网损耗和其他可能发生的情况。标准推荐采用故障模式和效应分析(FMEA)、故障模式效应和关键性分析(FMECA)等方法对相关设计进行要求和评估。

标准认为，海洋能发电装置在运行过程中可能会遇到波浪、海流、风况、水位、海冰、海洋生物、地震或其他船只撞击等外部限制条件，需要在设计时进行考虑和预测。标准列举了影响结构强度的几个载荷要素，包括重力载荷与惯性载荷、静水载荷、水动力载荷、波浪载荷、船舶撞击、碎片撞击载荷等，提出了载荷的设计描述和设计安全系数，从而提高海洋能转换装置的设计结构强度。标准还对钢结构、混凝土结构、灌浆结构、复合材料结构的设计和材料特性进行了要求，并对适用于波浪能转换装置和潮流能转换装置的锚定系统结构设计进行了规定。最后，标准的附录给出了在进行海洋能转换装置设计时关于可靠性、防腐、共振、波浪谱计算等方面更详细的介绍。总地来说，IEC/TS 62600—2 全面地涵盖了进行海洋能转换装置设计时需要考虑的各项因素，可以有效地为科研人员进行装置设计研发，提供标准和规范支持。

3)《IEC/TS 62600—10：2015 海洋能——波浪能、潮流能和其他水流能转换装置——第 10 部分：海洋能系统锚固系统评估》[Marine Energy - Wave, Tidal and Other Water Current Converters - Part 10: Assessment of Mooring System for Marine Energy Converters (MECs)]

IEC/TS 62600—10 标准介绍了海洋能转换装置锚泊系统的种类和设计要求，适用于任何开放海域、任何尺寸的海洋能转换装置锚泊系统的设计和评估工作。标准包括范围、规范性引用文件、术语和定义、缩写词、主要要素、系泊与锚固系统的类型、设计注意事项、安全与风险的主要事项、分析方法、运行检查监控测试和维护 10 个部分。

标准介绍了多点系泊(悬链、张紧链和半张紧链)、单点系泊(悬链锚腿系泊、单点锚腿系泊)、转塔系泊的结构组成和几种常用的锚链、钢丝绳、合成纤维绳、配重块、浮体、连接件的类型，并详细描述了拖曳嵌入锚、桩锚、吸力锚、重力贯入锚、重力锚、平板锚、螺旋锚的结构特点和适用的海底地质情况。

标准提出，在进行海洋能转换装置锚泊系统设计时，应考虑极限状态、外部条件、各类载荷、系泊缆组件、脐带缆注意事项、锚的使用六方面因素：在极限状态部分，标准要求设计时应该考虑承载能力极限状态（ULS）、偶然极限状态（ALS）、生存性极限状态（SLS）和疲劳极限状态（FLS）；在外部条件部分，标准认为海洋水文气象、海洋生物、海洋动物、海上交通等都是在进行设计时需要考虑的主要因素；在各类载荷部分，标准提出，在设计时应该考虑低频载荷、高频载荷、波浪载荷的影响，可以采用数值分析、实验模拟或专业软件模拟的方法确定载荷的影响；在系泊缆组件部分，标准认为，应该根据供应商的数据信息或实验测试获得组件的结构强度，在设计时应该留有足够的冗余量来抵消周期性载荷对组件的疲劳影响；在脐带缆注意事项部分，标准认为，应根据脐带缆的强度和弯曲半径确定其强度，并考虑在与海洋能转换装置相互运动时的间隙；在锚的使用部分，标准认为，应该根据海洋能转换装置的结构特点选择合适锚结构，设计锚结构时应考虑极限状态下的设计载荷、抓力和布放海域的地质条件。此外，标准还认为，在进行锚泊系统设计和使用过程中应该具有风险意识，并且提出了风险评估的基本流程和注意事项。

4）《IEC/TS 62600—20：2019 海洋能——波浪能、潮流能和其他水流能转换装置——第 20 部分：海洋能转换装置温差能设计和分析——一般导则》[Marine energy - Wave, Tidal and Other Water Current Converters - Part 20：Design and Analysis of an Ocean Thermal Energy Conversion（OTEC）Plant - General guidance）]

IEC/TS 62600—20 标准适用于温差能转换装置的设计和分析工作，目的是对陆基（岸上）、架装（安装在近海海底）、浮式温差能转换装置提出设计和评价的要求。标准包括范围、规范性引用文件、术语和定义、缩写词、现场特定参数与海洋气象设计参数、浮式温差能转换装置、处理系统、平台类型、功率输出等 16 个部分。

IEC/TS 62600—20 认为，赤道低纬度区域海表面温度一般超过 25℃，在

800~1 000 m 的水深区域温度为 4~5℃，可以利用这种温度差对温差能转换装置进行研发。在设计温差能转换装置时，应该考虑寿命期限内可能遇到的极端气象和海洋环境，对转换装置实际运行的海域进行至少一年期的海水剖面温度测量，并考虑波浪、海水平面变化、海洋生物、海床地质等条件限制，从而为温差能转换装置的设计提供依据。标准认为，设计温差能转换装置的关键是大直径的冷水管道（CWP）及其与水面平台的连接，CWP 的设计参数应该满足静态和动态载荷以及波浪、水流等外部载荷的冲击，CWP 应该选用耐腐蚀和耐生物附着的材料制作。为了使 CWP 的设计更加规范，标准建议，CWP 的设计师应该与电力系统和平台设计人员一同进行设计。标准还认为，在设计温差能转换装置时应该具备风险防控意识，在设计时应当采取基于经验的措施[例如，失效模式与效应分析（FMEA）]和统计措施[平均故障间隔时间（MTBF）]相结合的方法降低风险，如果是新装置或是新方法，可以召开风险评估会，依靠专家小组提出风险缓解建议。此外标准还对温差能转换装置的搭载平台、循环系统、电力输出系统、温差能转换装置的安装和维护等内容进行了规定。

5）《IEC/TS 62600—30：2018 海洋能——波浪能、潮流能和其他水流能转换装置——第 30 部分：电力需求》（Marine Energy - Wave, Tidal and Other Water Current Converters - Part 30: Electrical Power Quality Requirements）

IEC/TS 62600—30 标准提出了单向/三向、并网/离网（包括微型电网）波浪能、潮流能及其他水流能转换器的电能质量测量方法和技术，并在标准附件中给出了测试报告格式。标准包括范围、规范性引用文件、术语和定义、符号和单位、缩略术语、海洋能转换器电能质量特征参数、测试程序、电能质量确定 8 个部分。

IEC/TS 62600—30 标准建议，如果海洋能转换器的测量终端不易接近时，可采用公共连接点作为测量点，但是此时应该考虑海底电缆的完整详情，并评估海洋能转换器的具体配置和参数条件，凡是不符合以下测试条件的任何数据均应排除，具体如下。

电压的总谐波失真（THD）（包括所有高达 50 次的谐波）应小于由本地电力运营商的规范和标准限定的百分比。该百分比作为当海洋能转换系统单元不发电时海洋能转换系统终端或公共连接点处(视情况而定)测得的 10 min 平均数据。如果不存在此类法规或标准，则应使用5%的数值。

测得0.2 s时间内的电网频率平均值应处于本地电力运营商的法规或标准所限定标称频率的百分比范围内。如果不存在此类法规或标准，则应使用±1%的数值。测得0.2 s时间内电网频率变化率应小于本地电力运营商的法规或标准所限定的变化率。如果不存在此类法规或标准，则应采用每0.2 s标称频率的0.2%数值。

电压电平应处于本地端口运营商的法规或标准限定的标称值百分比范围内。该百分比作为海洋能转换系统单元或公共连接点处(视情况而定)测得的10 min平均数据。如果不存在此类法规或标准，则应使用±10%的数值。

电压不平衡系数应小于本地系统运营商的法规或标准所限定的数值。该数值为海洋能转换系统单元终端或公共连接点处(视情况而定)测得的10 min数据。如果不存在此类法规或标准，则应使用2%的数值。

IEC/TS 62600—30认为，标准海洋能转换器电能质量的参数有海洋能转换器的额定有功功率、额定电压、电压波动、谐波、压降响应和功率控制等，并给出了低压(<1 kV)连接和中压(>1 kV，<35 kV)连接的海洋能转换器连续运行时的电压测量方法及压降响应、有功功率、无功功率的设定点选择和测量方法。

6)《IEC/TS 62600—40：2019 海洋能——波浪能、潮流能和其他水流能转换装置——第40部分：海洋能转换装置声学特性》(Marine Energy - Wave，Tidal and Other Water Current Converters - Part 40：Acoustic Characterization of Marine Energy Converters)

IEC/TS 62600—40标准主要适用于海洋能(潮流能、波浪能和温差能)发电装置的声学特性测量，并评估发电装置在工作环境下的声学级别。标准包括范围、规范性引用文件、术语和定义、符号和缩写词、方法概要、仪器设备、测量和测量程序、数据分析程序、报告内容9个部分。

IEC/TS 62600—40标准是国际上首个针对海洋能发电装置声学特性测量的标准。标准认为，海洋能发电装置工作时产生的噪声可能会对周围的海洋生态环境产生一定的影响，因此需要对海洋能发电装置的声学特性进行测量，使之满足相应的环境要求。标准以水听器系统作为海洋能发电装置声学特性测量的测量设备，规定水听器系统的默认频率范围是 10 Hz 至 100 kHz，相应方向为全方位响应，精度为±5 dB，每 24 个月校准一次。当水听器系统安装在固定平台时，水听器与固定平台的距离应小于 100 m，因为 10 m 的距离可能会造成 1 dB 的传播损耗；当水听器系统安装在漂浮式平台上时，水听器系统与平台间的距离建议小于 3 m，并采用全球卫星定位系统(GNSS)预估水听器与平台的位移量。标准还介绍了两种进行声学特性测量的定性说明，其中 A 级定性说明了 MEC 声音的时间和空间特性，B 级定性用精简后的时间和空间信息说明了 MEC 声音的特性。标准的第七部分对波浪能发电装置、潮流能发电装置、温差能发电装置的声学特性测量方法进行了规定，规定了声学测量系统在 A 级、B 级测量时的部署位置、测量系统的时间分辨率、测量系统的空间分辨率和声速剖面要求。标准的第八部分是数据分析测量，对海洋能转换装置声学特性测量的声信号处理进行了规定，并对进行声学特性测量过程中应注意的事项进行了描述，如声音序列的要求、流噪声的要求以及数据汇总统计的要求等。标准的最后规定了海洋能转换装置声学特性的测量报告要求，如测量系统的性能指标表述、测量系统灵敏度方向性和校准的详细信息、系统布放位置图、声音测量的采样率和占空比以及在测量过程中出现的异常问题等。

7)《IEC/TS 62600—100：2012 海洋能——波浪能、潮流能和其他水流能转换装置——第 100 部分：波浪能转换装置——电力性能评估》(Marine Energy - Wave，Tidal and Other Water Current Converters - Part 100：Electricity Producing Wave Energy Converters - Power Performance Assessment)

IEC/TS 62600—100 标准是基于实际海上测试环境的波浪能转换装置功率特性测试方法的标准，适用于商业规模阶段的波浪能发电装置，但是该标准并不包括试验水槽或水池的模型测试、资源评估、电能质量计算等方面的内容。IEC/TS 62600—100 标准包括范围、规范性引用文件、符号和单位、工作流程、测试场地特征、试验方法、波浪数据的测量和采集、波浪能转换装置输出功率测量、波浪能电站性能测定、年均产能计算 10 个部分。

标准认为，在进行波浪能转换装置电力评估之前，应该先对海上测试的场地特征进行分析，确定波浪能发电装置布放海域的入射波功率，分析水深和潮流对入射波功率的影响，建立波浪能转换装置与波浪测量仪器之间的传输模型。波浪测量时应在波浪能发电装置安装位置和测波位置各布放一个波浪传感器，且至少提前 3 个月布放。考虑到周期季节性的变化，建议提前 12 个月布放波浪传感器。标准认为，如果两个波浪传感器的能流密度差值小于 10%，则认为波场是等效的，否则就应该建立并验证传输模型。海流测量时，测量的样本周期最多为 10 min，且至少测量时间为 30 d，测量要素包括流向和流速，测量区域应覆盖波浪能发电装置安装的海域。潮汐测量时，测量时间至少为 30 d。标准还给出了波浪数据的测量和采集、波浪能转换装置输出功率测量、波浪能电站性能测定和年均产能的计算方法和其他要求。标准的附录中列举了波浪能转换装置功率矩阵的描述图例和不确定度估算条件，也给出了岸上测量点功率损失的补偿方法和波浪空间传输模型的误差分析方法。

8)《IEC/TS 62600—101：2015 海洋能——波浪能、潮流能和其他水流能转换装置——第 101 部分：波浪能资源评估及特征描述》(Marine Energy - Wave，Tidal and Other Water Current Converters - Part 101：Wave Energy Resource Assessment and Characterization)

IEC/TS 62600—101 标准介绍了一种在选定波浪能资源场址估算波浪能转换装置或波浪能阵列年发电量的分析方法。标准包括范围、规范性引用文件、术语和定义、符号代号缩略语、资源评估等级、研究目标和数据来源、数值模拟、测量相关预测方法、数据分析、结果报告 10 个部分。

IEC/TS 62600—101 认为，波浪能资源的评估应当以经过测量数据验证的水动力模型来描述。同时，该标准还认为，波浪能产业尚处于初级阶段，一些波浪能资源的重要性还不明确，所以该标准随着技术的进步和对波浪能的进一步认识，会作出适度的修改。标准认为，波浪能资源评估分为 3 个层级。一级：对于超过 300 km 岸线长度的勘察评估级，评估参数的不确定性较高；二级：对于 20~500 km 岸线长度可行性评估级，评估参数的不确定性中等；三级：对于小于 50 km 岸线长度的设计评估级，评估参数的不确定性较低。在进行波浪能评估研究区域选择时，若采用数值模拟的方式，模拟的区域可以超过拟选择的研究区域，但是要明确模拟区域的范围，若采用测量—联系—观测的方法来评估，研究区域被限制为一个或几个离散的点位。标准提出，在进行波浪能资源评估时，应该考虑水深、波浪、风、潮汐、流、海水密度、重力加速度以及历史波浪数据的收集和调查，并给出了各个参数的调查分辨率、调查仪器性能等要求。标准的附录中还给出了波浪能资源评估的不确定性参数以及部分不确定性分析实例。

9)《IEC/TS 62600—102：2016 海洋能——波浪能、潮流能和其他水流能转换装置——第 102 部分：用已有实海况运行测量数据评估波浪能转换设备在预投放点的发电性能》(Marine Energy - Wave, Tidal and Other Water Current Converters - Part 102：Wave Energy Converter Power Performance Assessment at a Second Location Using Measured Assessment Data)

IEC/TS 62600—102 标准主要介绍了一种根据已有海况条件波浪能发电装置性能数据评估预部署地点的波浪能发电装置性能和年平均发电量的方法。标准包括范围、规范性引用文件、工作程序、限制条件、波浪能转换装置技术说明、1 号地点(已有海况地点)和 2 号地点(预计布放地点)的波浪能资源评估、1 号地点的功率捕获数据、波浪能装置模型验证、波浪能装置修改等 15 个部分。

标准认为，根据已有海况的波浪能转换装置性能数据去评估预投放地点的波浪能装置性能时，首先，需要了解两个地点的波浪能资源特点，包括海岸线的地理和测深数据、平时的波浪和风条件、典型的潮差和潮流等周边条件和波浪能资源分布；其次，要计算该波浪能发电装置在 1 号地点运行条件下的电力矩阵、捕获长度矩阵、最大捕获长度矩阵、最小捕获长度矩阵等数据，并对该波浪能发电装置的发电性能进行物理或数值模拟的验证，从而证明该模型的有效性。另外，标准规定若每个单元的发电性能影响差异小于 10%时，才可对波浪能发电装置进行更改；再次根据 2 号地点的波浪能资源信息和 IEC/TS 62600—100 的相关要求进行波浪能发电装置性能和年平均发电量的评估。标准的最后还给出了可信赖评估的要求。

标准中的附录 A 给出了根据汉斯特霍尔姆(Hanstholm)的 Wavestar 波浪能发

电装置对本标准提出的方法进行的验证描述。标准中的附录B和附录C给出了能量捕获系统的描述和能量捕获效率的计算方法。

10)《IEC/TS 62600—103：2018 海洋能——波浪能、潮流能和其他水流能转换装置——第103部分：波浪能转换设备前期发展导则——前期原型设备测量的最佳运行规范及推荐流程》(Marine Energy - Wave, Tidal and Other Water Current Converters - Part 103：Guidelines for the Early Stage Development of Wave Energy Converters - Best Practices and Recommended Procedures for the Testing of Pre-prototype Devices)

IEC/TS 62600—103 主要提出了针对波浪能转换器的设计流程，其提出的测试和试验方法基于已在其他技术领域经过认证的方法，比如美国国家航空航天局(NASA)和类似的海洋工程重工业。标准包括范围、规范性引用文件、术语和定义、分阶段开发方法、试验计划、报告和说明、试验环境特点、数据采集、装置性能、运行环境下的运动和动力、生存环境下的运动和动力11个部分。

IEC/TS 62600—103 根据技术成熟度(TRL)等级将波浪能发电装置的研发流程划分为5个阶段，并对每个阶段的相关设计要求进行了描述。

第1阶段：概念模型（TRL 1-3）

- 规则波设计验证试验；
- 不规则波设计优化试验；
- 比例指南：1∶25~1∶100(小型)。

第2阶段：设计模型（TRL 4）

- 真实航道性能验证；
- 组件、动力输出装置和控制器监控；
- 比例指南：1∶10~1∶25(中型)。

第3阶段：子系统模型（TRL 5-6）。

- 全面运转转换器海上试验；
- 真实航道内评估发电情况；
- 比例指南：1∶2~1∶5(大型)。

第4阶段：单一设备验证（TRL 7-8）

- 全尺寸发电设备；技术部署；
- 生产前至商业化前高级机组；
- 比例指南：1∶1~1∶2(原型)。

第 5 阶段：多组设备演示（TRL 9）

- 最终商业化设备；经济部署；
- 3~5 组设备小型阵列试验；电网事宜；
- 比例指南：1∶1(全尺寸)。

标准认为，试验模型应该满足几何相似、结构相似、水动力相似(弗劳德、斯特劳哈尔和雷诺兹)及能量转换链相似，并且在设计模型时还应该考虑最适当的比例缩放定律，模型材料的选择，模型的组装程序，模型结构的关键应力等因素。

标准还对进行波浪能发电装置试验的第 1 至第 3 阶段的试验环境作出了要求。在第 1 阶段，规则波在试验中至少部署 2 次测量，位于设备正面和设备侧面；长峰不规则波在试验中至少部署 2 次测量，位于设备正面和设备侧面；短峰不规则波则不做要求。在第 2 阶段，规则波在试验中至少部署 4 次测量，位于设备正面、背面和两侧；长峰不规则波在试验中至少部署 4 次测量，位于设备正面、背面和两侧；短峰不规则波除了长峰不规则波的要求外，还需部署能够分辨各类引入方向的传感器。第 3 阶段为海上试验阶段，在试验范围 50 m 内部署测量系统，测量波浪频率、波浪方向、波浪能量，并且需要实时监控海洋和大气条件。

此外，标准还规定在数据采集阶段采集传感器采样频率为 50~100 Hz，应该尽可能记录原始信号，在采集阶段不进行任何实质性过滤或平滑处理，采取适当措施尽量减小信号噪声和阻尼引起的误差，如使用绞合和屏蔽双绞线或者使用具有长电缆补偿的测量等方法。在发电性能测量部分同样分为第 1 阶段、第 2 阶段、第 3 阶段对发电装置的发电性能测试方法进行了描述。

11)《IEC/TS 62600—200：2013 海洋能——波浪能、潮流能和其他水流能转换装置——第 200 部分：潮流能转换装置——电力性能评估》(Marine Energy – Wave, Tidal and Other Water Current Converters – Part 200: Electricity Producing Tidal Energy Converters – Power Performance Assessment)

IEC/TS 62600—200 提供了可以为并网发电的潮流能发电装置分析功率特性

的系统性方法，给出了潮流能发电装置额定功率和额定水流流速的定义。与IEC/TS 62600—100一样，该标准也不包括资源评估与电能质量计算等方面的内容。

IEC/TS 62600—200包括范围、规范性引用文件、术语和定义、符号和缩略语、泊位及测试条件、潮流能发电装置描述、测试设备、测试程序、数据结果、报告格式10个部分。标准规定，在进行潮流能发电装置海上试验之前，应该对测试海域进行水深和潮流测量。测量水深时，应确保海底没有障碍物且对装置布放位置前后10倍等效直径、左右5倍等效直径的区域进行至少12个月的测量。测量潮流时，应首先根据原有资源评估材料对测试海域的潮流进行估测，然后在潮流能发电装置的布放位置安放一台坐底式流速剖面仪，在水面布放一艘底部安装流速剖面仪的船舶，对估测的潮流能资源进行验证。为避免发生潮流能发电装置尺寸相对于测试泊位的横截面比例过大的问题，应绘制潮流能发电装置和支撑结构在主流速方向的投影面积与测试泊位水道断面面积比例关系图，比例关系宜小于1∶200。

在进行电功率测量时，对于交流电潮流能发电装置，应对每一向的电压进行测量，电流允许仅测量两向，测量的端口应选择在输出频率稳定且能达到50 Hz或60 Hz电网频率的位置；对于直流电潮流能发电装置，应对电压和电流进行测量，测量的端口选择能够以稳定的直流电为电池充电或直接连接到负载的位置。测量过程使用的测量仪器和数据记录设备的准确度等级为0.5级或更高且进行了校准。进行潮流测量时，测量仪器的布置应覆盖潮流能发电装置能量捕获截面的投影区域，采样点的最大间隔距离为1 m，最小数据的采样频率为1 Hz，数据分辨率为0.05 m/s，采样时间应至少持续一个大小潮周期(15 d)，但是最多不能超过90 d，并按照持续的时间序列记录和存储潮流的流速和流向。流速测量仪器可以布放在与潮流能发电装置共线(A方案)或在潮流能发电装置两侧(B方案)的位置，标准建议优先选择A方案，如果选择B方案则必须提供合适的理由。

标准还给出了潮流能发电装置功率曲线、总体效率计算和年发电量的计算公式以及潮流能发电装置电力性能评估报告的具体格式。

12)《IEC/TS 62600—201：2015 海洋能——波浪能、潮流能和其他水流能转换装置——第 201 部分：潮流能资源评估及特征描述》(Marine Energy - Wave, Tidal and Other Water Current Converters - Part 201：Tidal Energy Resource Assessment and Characterization)

IEC/TS 62600—201 标准规范了潮流能发电装置预布放海域的潮流能资源评估工作，适用于潮流能发电装置的各个生命周期阶段，也可以对阵列式潮流能发电装置的年发电量进行评估。标准包括范围、规范性引用文件、术语和定义、符号、方法概述、数据收集、模型开发和输出、数据分析和结果显示、结果报告 9 个部分。

IEC/TS 62600—201 将潮流能的资源评估分为两个阶段：可行性研究阶段(第 1 阶段)和设计布局阶段(第 2 阶段)。第 1 阶段是在中等不确定度水平下对选定海域进行不含扰动影响的评估，判别开发潮流能资源的可行性；第 2 阶段是根据潮流能阵列布局设计，详细且准确地得出选定海域的资源信息，并且考虑装机规模对资源利用的影响，从而降低预估潮流能资源的不确定性。在进行潮流能资源评估时，标准规定应该对水深、潮差、波浪、气象、水流(涡流、湍流)、海水密度等因素进行综合评估，可采用固定式调查和走航式调查两种方式，调查的周期应该不小于 35 d。由于第 1 阶段和第 2 阶段的资源评估目的不一样，所以在某些因素的调查条件上也有所不同。比如，在模拟分析上，标准规定第 1 阶段的模型网格分辨率应小于 500 m，第 2 阶段的网格分辨率应小于 50 m；又比如，在数据表述上，第 1 阶段的水流数据应当进行深度平均，第 2 阶段的水流数据可用 3D 模型表述等。此外标准中的附录 A 还给出了潮流能发电装置年发电量计算的一种推荐方法，附录 B 给出了流速剖面仪的测量指南。

13)《IEC/TS 62600—300：2019 海洋能——波浪能、潮流能和其他水流能转换装置——第 300 部分：河流能转换装置——电力性能评估》(Marine Energy - Wave, Tidal and Other Water Current Converters - Part 300：Electricity Producing River Energy Converters - Power Performance Assessment)

IEC/TS 62600—300 标准主要适用于河流能资源开发过程中发电装置的电力性能评估，目的是通过绘制流速-功率曲线来表征发电装置的发电性能。标准包括范围、规范性引用文件、术语和定义、符号单位和缩写词、概述、河流能转换装置的说明、实际性能、测试性能、数据结果、试验报告 10 个部分。

标准介绍了在实际使用环境下对河流能发电装置进行电力性能评估的方法，规定在试验过程中河流能发电装置应不间断地运行，在进行电力评估之前，应当明确潮流能发电装置的性能参数和试验环境的水深、流速。在测量电力性能时，应当记录一定时间内的河流流速和方向，记录的最小采样频率为 1 Hz，流速测量仪分辨率优于 0. 05 m/s，电力测量中所使用的测量设备的精度应当达到 0. 5 级或以上，试验持续时间至少连续开展 15 d，且装置运行的时间至少达到 80%以上。

标准还对流速测量仪与发电装置之间的布放提出了更具体的要求，即流速测量装置布放的位置精度应达到±1 m，推荐了以下 3 种布放方案。

方案 1：将流速剖面仪放置在设备上游，位于发电装置捕获主轴 0. 5 倍直径范围内。

方案 2：将单个水平水流剖面仪放置在发电装置上游，流速剖面仪的光束应当为水平并以设备能源捕获主轴为中心。

方案 3：将两个流速剖面仪放置在设备上游。每个剖面仪的位置应当与发电装置的边缘对齐。

由于在发电装置实际运行过程中水流的流速可能变化范围较小，为了能更进一步地说明发电装置的电力性能，标准给出了不同流速下发电装置电力性能的室内测试方法。标准规定，进行实际性能试验和室内测试性能试验的发电装置必须为同一发电装置，禁止用比例设备代替。标准的第 8. 2 节、第 8. 3 节、第 8. 4 节分别给出了室内测试性能试验中拖曳水池试验、船载试验、水槽试验的试验设备和试验程序，可以为开展发电装置室内测试的机构和单位提供借鉴。标准的最后还给出了功率曲线、平均流速剖面和发电装置整体效率的计算和绘制方法以及试验报告的具体要求。

14)《IEC/TS 62600—301：2019 海洋能——波浪能、潮流能和其他水流能转换装置——第 301 部分：河流能资源评估》(Marine Energy – Wave, Tidal and Other Water Current Converters – Part 301：River Energy Resource Assessment)

IEC/TS 62600—301 标准提供了一种对河流能资源进行预估、测量、表征和分析的方法，适用于单个发电装置或阵列发电装置应用的现场。标准包括范围、规范性引用文件、术语和定义、符号单位和缩写词、方法概述、流量历时曲线、速度历时曲线、报告要求 8 个部分。

标准对河流能资源评估的全面性和可行性进行了要求，首先标准确定了河流能资源评估的流程：在确定进行评估的地点后，应当收集 10 年的历史流量数据并进行 1 年的现场实测，绘制流量历时曲线，根据数学理论模型和流速的直径测量值推导出发电装置的速度-流量拟合曲线，并绘制速度历时曲线，最终根据每个发电装置的布放位置计算年发电量。标准认为，在资源评估时可以单独使用现场数据，或使用与模型校准和验证所用的直接测量值结合的数据进行资源评估，也可以将测量值与数值模型相结合，生成资源评估各个部分所需的数据。

在流量历时曲线的分析上，标准认为，要收集 10~15 年的连续水位流量测量值，且数据的间断时间不超过 5%，推荐了两种水文建模模型（确定性模型和随机模型）并给出了流量历时曲线的计算方法。在速度历时曲线的分析上，标准认为，可采用理论分析法，即需要以实际环境现场的 10 年历史数据为基础，当历史数据较少时，可以将发电装置布放位置的流量历时曲线转换为速度历时曲线。但更推荐采用直接测量法，因为直接测量的数据更加可靠与可信。在测量时，测量数据应当离散且有至少 5 个具有代表性的数据集；如果选用了水力模型测量则数据应该有至少 15 个具有代表性的数据集，并应考虑边界力以及气象因素、湍流、沉积物对测量的影响。在标准的附录中还给出了水深测量、水位测量、流量测量的现场测量指南与测量不确定度的分析。

此外，2020 年 IEC 又制定和修订了两项标准，分别是《海洋能——波浪能、潮流能和其他水流能转换装置——第 1 部分：词汇》（IEC/TS 62600—1：2020 Marine Energy - Wave, Tidal and Other Water Current Converters - Part 1：Vocabulary）和《海洋能——波浪能、潮流能和其他水流能转换装置——第 3 部分：机械载荷的测量》（IEC/TS 62600—3：2020 Marine Energy - Wave, Tidal and Other Water Current Converters - Part 3：Measurement of Mechanical Loads）。其中 IEC/TS 62600—1 2020 版相对于 2011 版将标准名称由 Terminology（术语）改为 Vocabulary（词汇），删除了 45% 极少使用或者已经广泛使用的术语，增加了 IEC/TS

62600—200 中 13 个通用性的术语以及 2019 修正案（IEC/TS 62600--1 2019 修正案）中的 8 个术语和额外的 6 个新增术语；IEC/TS 62600—3：2020 规定了海洋能发电装置子系统或部件的全尺寸结构试验的要求，尤其是对发电装置转子叶片的全尺寸结构试验以及对试验结果的说明和评估。

3.2.3 我国海洋能开发利用标准分析

在海洋可再生能源专项资金的支持下，我国发布了 HY/T 181—2015《海洋能开发利用标准体系》，对海洋能开发利用标准的制修订工作进行了顶层的设计，在此基础上，形成了一大批海洋能开发利用的国家标准、行业标准。本节主要对我国现行的海洋能国家标准、行业标准进行阐述。

3.2.3.1 海洋能开发利用国家标准

截至目前，我国已发布海洋能国家标准 12 项。

1）GB/T 33441—2016《海洋能调查质量控制要求》

本标准由国家海洋技术中心编制，2016 年 12 月 30 日发布，2017 年 7 月 1 日实施。标准包括范围、规范性引用文件、术语和定义、一般要求、外业调查质量控制要求、数据处理质量控制要求、图件绘制质量控制要求、资料交换质量控制要求 8 个部分。

标准规定了在进行海洋能调查前应制定完善的调查总体方案和分阶段方案，在调查时要严格按照质量管理体系的要求进行全面的质量控制，保证人员、仪器、数据、调查成果符合质量要求。在外业调查部分，标准规定进行调查的仪器应该满足《海洋调查规范　第 1 部分：总则》（GB/T 12763.1—2007）的要求，调查人员应该具有相应的资质合格证书，进行海上作业调查时的海况不应大于 5 级，并对潮汐能、潮流能、波浪能、温差能、盐差能、海上风能的调查要素、调查时间和调查站位进行了详细规定。此外，标准还对调查数据的汇总和海洋能资源分布图绘制提出了质量要求。对于调查数据的质量，标准划分了 1～3 的数据质量评估等级和相应控制标识，对于海洋能资源分布图绘制，标准引用《海流和潮流能量分布图绘制方法》（HY/T 155）、《海浪能量分布图绘制方法》

(HY/T 156)的标准内容对图件的符号、尺寸、比例尺、坐标系等进行了规范。标准的附录中还给出了海洋能调查质量控制表格、海洋能数据处理质量控制记录表等内容。

2) GB/T 33442—2016《海洋能源调查仪器设备通用技术条件》

本标准由国家海洋技术中心编制，2016年12月30日发布，2017年7月1日实施。适用于海洋能开发利用过程中相关调查仪器设备的研制、设计、生产、使用及相关检验的工作。标准包括范围、规范性引用文件、术语和定义、分类与型号命名、基本参数要求、通用要求、试验方法、检验规则、标识包装运输和贮存9个部分。

标准详细和具体地分析了海洋能调查仪器的命名种类、性能指标、试验方法等相关内容。本标准规定，海洋能调查仪器设备的命名应该符合《海洋仪器设备分类、代码与型号命名》(HY/T 042)的相关要求。在调查仪器的性能指标上，标准规定了潮汐测量仪器[浮子式水位计、压力式水位计、超声波水位计、雷达(微波)水位计、激光水位计]、潮流测量设备(旋桨式流速流向仪、旋杯式流速流向仪、超声波多普勒流速流向仪、电磁流向仪、定点式声学多普勒海流剖面仪、走航式声学多普勒海流剖面仪)、波浪测量设备(压力式波浪仪、重力式波浪浮标、声学式波浪仪)、海水温度测量仪器(数字表层温度计、温度测量仪/传感器)、盐度测量仪器(温盐深测量仪、电极式实验室盐度计)、测风仪器(机械式手持测风仪、旋杯式测风仪、旋桨式测风仪、声学式超声测风仪)、气温和相对湿度测量仪器(温湿度测量仪/传感器)、气压测量仪器(气压测量仪/传感器)、水深测量仪器(自动式水文测杆、便携式超声波测深仪、船用式超声波测深仪)、定位仪器(静态卫星定位仪、移动卫星定位仪)、测距仪器(激光测距仪、红外测距仪)、角度测量仪器(经纬仪、六分仪)及计时装置的测量范围、分辨率和准确度要求，也规定了辅助及配套设备如铅鱼、采泥器、船用绞车的要求。在试验方法方面，标准为了提高海洋能调查仪器的互换性和维修性，规定了仪器设备的供电电压等级和通信接口，同时为了提高海洋能调查仪器的安全性和可靠性，还规定了进行机械安全、电气安全、防雷击、环境试验(高温、低温、湿度、振动等)的试验内容和试验的抽样准则。

3) GB/T 33543.1—2017《海洋能术语第1部分：通用》

本标准由国家海洋技术中心编制，2017年3月9日发布，2017年10月1日实施。本标准是术语类通用标准，为海洋能术语系列标准的第1部分，包括范围、综合术语、潮汐能、潮流能、波浪能、海水温差能、海水盐差能7个部分。

标准共对85个海洋能术语进行了解释，其中综合术语中对在海洋能行业应用得较为广泛，但专业界限不明显的术语进行了解释，比如，海洋能发电装置、海洋能原理样机、海洋能工程样机、海洋能试验场等。潮汐能、潮流能、波浪能、海水温差能、海水盐差能术语则分别对相应的海洋能开发利用较为专业的术语进行了解释，比如，平均高位潮、平均低位潮、波浪能功率、半透膜、渗透压等。

4) GB/T 33543.2—2017《海洋能术语第2部分：调查和评价》

本标准由国家海洋技术中心编制，2017年3月9日发布，2017年10月1日实施。本标准是术语类通用标准，为海洋能术语系列标准的第2部分，包括范围、一般术语、潮汐能、潮流能、波浪能、温差能、盐差能、图件绘制8个部分。

标准对海洋能调查和评价及相关领域的37个术语进行了解释，其中一般术语主要为通用性术语如海洋能资源评价、海洋能理论年发电量等；潮汐能、潮流能、波浪能、温差能、盐差能则对各个海洋能能种在调查与评价环节应用到的专业术语进行了解释，图样绘制则对海洋能图集、海洋能调查站位分布图等海洋能调查和评价环节用到的绘图术语进行了解释。

5) GB/T 33543.3—2017《海洋能术语　第3部分：电站》

本标准由国家海洋技术中心编制，2017年3月9日发布，2017年10月1日实施。本标准是术语类通用标准，为海洋能术语系列标准的第3部分，包括范围、发电技术、发电设备、电站设施、电站防污防腐5个部分。

标准对海洋能电站及相关领域的79个标准术语进行了解释，其中发电技术部分主要对海洋能电站的原理性术语和技术性术语进行了解释，如潮汐电站平均水头、潮汐电站单向发电等；电站设备部分主要对潮汐能、潮流能、波浪能、盐差能电站所采用的发电设备、发电装置术语进行了解释，如潮流能转换装置、整流波能转换装置、闭式盐差能转换装置等；电站设施和电站防污防腐部分主要对大型的电站设备名词和电站防污防腐术语进行了解释。

6) GB/T 34910.1—2017《海洋可再生能源资源调查与评估指南　第1部分：总则》

本标准由国家海洋标准计量中心、自然资源部第一海洋研究所、国家海洋技术中心共同编制，2017年11月1日发布，2018年2月1日实施。《海洋可再生能源资源调查与评估指南》系列标准分为总则、潮汐能、波浪能、海流能4个部分，本标准为第1部分总则，包括范围、规范性引用文件、术语和定义、海洋能资源调查与评估流程、海洋能资源调查、海洋能资源评估、海洋能资源调查与评估报告7个部分。

标准认为，我国海洋可再生能源储量丰富，但是由于海洋能具有随着海域、时间变化的特点，在海洋能资源储量的统计和评估方法存在差异，需要制定统一的海洋能资源调查和评估方法指南来规范海洋能资源调查活动。在进行海洋能资源调查与评估时，应首先进行海洋能资源调查，包括确定调查区域、收集数据资料、补充现场调查，然后进行海洋能资源评估，包括数值模拟、资料融合与同化、计算资源评估参数并绘制资源图表、评估资源蕴藏量和技术开发量，最后完成海洋能资源调查与评估报告，标准的第5、第6、第7部分分别对海洋能资源调查、海洋能资源评估、海洋能资源调查与评估报告的要求进行了详细描述。该标准的制定有助于查清我国海洋能资源蕴藏量和时空分布变化规律，为海洋能开发利用提供技术保障。

7) GB/T 34910.2—2017《海洋可再生能源资源调查与评估指南　第2部分：潮汐能》

本标准由中国电建集团华东勘测设计研究院有限公司、国家海洋标准计量中心、中国海洋大学、浙江省浙东引水管理局编制，2017年11月1日发布，2018年2月1日实施。标准适用于潮汐能资源调查与评估工作，包括范围、规范性引用文件、术语和定义、潮汐能资源调查、数值分析、潮汐能资源评估、潮汐能资源调查与评估报告7个部分。

标准规定，在进行潮汐能资源调查区域选择时，需通过文献、报告等途径估算技术开发装机容量在 500 kW 以上的潮汐能站点确定潮汐能调查和评估区域。在调查要素的选取上，标准规定，在进行潮汐能资源调查时选取的调查要素为潮位和海湾地形，其中潮位测量时的潮高测量准确度为±5 cm，潮时测量准确度为±1 min，测量时长不小于 1 年，重点海湾地形区域的比例尺不低于 1∶10 000，非重点海湾地形区域的比例尺不低于 1∶50 000。进行潮汐能资源调查时采用的仪器设备有声学水位计、压力式水位计、浮子式水位计等，仪器的安装、使用和相关要求可参照《海洋调查规范　第 2 部分：海洋水文观测》(GB/T 12763.2—2007)和《海洋可再生能源资源调查与评估指南　第 1 部分：总则》(GB/T 34910.1—2017)的内容执行。

在数值分析部分，标准给出了正规半日潮海区、正规全日潮海区、混合潮海区的蕴藏量和技术开发量的潮汐能资源计算公式，并且划分了潮流能资源技术开发等级，如平均潮差大于 5 m 的海湾为潮汐能资源丰富区，平均潮差大于 4 m 且不大于 5 m 的海湾为潮汐能资源较丰富区，平均潮差大于 3 m 且不大于 4 m 的海湾为潮汐能资源可利用区，平均潮差不大于 3 m 的海湾为潮汐能资源贫乏区。

8) GB/T 34910.3—2017《海洋可再生能源资源调查与评估指南　第 3 部分：波浪能》

本标准由国家海洋技术中心、国家海洋标准计量中心编制，2017 年 12 月 29 日发布，2018 年 4 月 1 日实施。标准适用于波浪能资源调查与评估工作，包括范围、规范性引用文件、术语和定义、波浪能资源调查、波浪数值模拟、波浪能资源评估、波浪能资源调查与评估报告 7 个部分。

标准规定，可通过海洋站、浮标站的波浪、风和海流资料，相关遥感资料、相关科学考察试验的波浪、风和海流资料以及波浪、风和海流的再分析资料进行波浪能资源调查与评估。主要采用的调查仪器设备有重力测波仪和声学测波仪，调查的主要要素为波浪，调查的辅助要素为风速、风向、流速、流向、水深，其中波浪调查测量的准确度等级为一级±10%，二级±15%；波周期的测量准确度为±0.5 s；波向调查的测量准确度为一级±5°，二级±10°。在波浪数值模拟时，建议选用第三代海浪模型，数值模拟的网格大小宜有足够的空间分辨率。调查的辅助要素则需要对风速、风向、流速、流向、水深进行测量。波浪能资源调查应该每小时观测一次且连续观测时间不小于1个月。在资源评估参数和技术部分，标准给出了波浪谱计算公式、波高周期波向和波浪能密度计算公式、季节变化指数计算公式、变异系数计算公式以及波浪能蕴藏量计算公式。标准的最后给出了波浪能资源评估的图表表示示例。

9）GB/T 34910.4—2017《海洋可再生能源资源调查与评估指南　第4部分：海流能》

本标准由中国海洋大学、国家海洋技术中心、国家海洋标准计量中心编制，2017年11月1日发布，2018年2月1日实施。标准适用于海流能的调查和评估工作，包括范围、规范性引用文件、术语和定义、海流能资源调查、海流能资源评估、海流能资源调查与评估报告6个部分。

标准认为，在进行海流能资源调查时，应先通过历史定点海流观测资料、区域声学多普勒流速剖面仪（acustic doppler current profile，ADCP）走航资料、遥感遥测表层海流资料、历史文献和研究报告以及再分析海流资料等手段确定海流能的调查区域，再确定调查断面、调查站位，并制定调查计划，包括以下内容。

观测要素：主要观测要素为海流，辅助观测要素为水深、水温、波浪、风速和风向等。

调查仪器：建议使用当前国内外普遍认可的调查仪器，如直读式海流计、安德拉海流计或ADCP，确定合适的测量方法，以适用海流的时空变化。

调查方式：可选用船只定点调查、锚碇浮标调查、走航调查和高频地波雷达调查等手段。

数据处理：海流、水深、温盐数据按照《海洋可再生能源资源调查与评估指南　第1部分：总则》（GB/T 34910.1）、《海洋调查规范　第2部分：海洋水文观测》（GB/T 12763.2）、《海洋调查规范　第7部分：海洋调查资料处理》（GB/T 12763.7）的要求进行记录和处理。

调查人员和调查时间应根据工作量和调查断面的海流时间分布确定。

标准还给出了海流数值模拟的要求和流速、流向、水深、水温、风速和风向的测量仪器准确度的要求，推荐在季度典型月期间进行海流调查，定点连续观测的时间长度为15 d，观测频次一般为20 min（在近浅海区域，时间间隔为10 min；

在深远海区域，时间间隔为 1 h）。标准中的海流能资源评估部分还给出了海流能功率密度、海流能平均功率密度、海流断面平均功率、可能最大流速的技术公式以及海流能资源开发量等级划分区间。

10）GB/T 35050—2018《海洋能开发与利用综合评价规程》

本标准由国家海洋技术中心编制，2018 年 5 月 14 日发布，2018 年 12 月 1 日实施。适用于海洋能开发利用项目的综合评价工作，包括范围、规范性引用文件、术语和定义、评价原则、评价内容、评价方法与技术要求、评价流程、评价结论 8 个部分。

标准认为，海洋能开发利用的评价工作一般分为四个阶段：第一阶段，资料收集阶段；第二阶段，数据处理和分析阶段；第三阶段，综合评价阶段；第四阶段，评价结论与报告书编写阶段。标准主要对技术评价、资源评价、环境评价、经济评价、社会评价和政策评价的评价原则、评价内容、评价方法进行了阐述。

在技术评价方面，标准规定，技术评价的主要方法是技术成熟度评价，可参照《海洋能电站技术经济评估导则》（GB/T 35724）的相关内容，对于进行技术评价的海洋能开发利用项目，应该给出技术评价的可行或不可行结论。

在资源评价方面，标准建议，采用定性与定量的方法对评价电站的装机规模和年发电量进行资源评价，具体的技术方法可以按照《海洋能计算和统计编报方法》（HY/T 182）的相关内容实行，评价过程中应收集和分析海洋能开发利用项目所在海域的水文、地质和气象资料，评价结论也应给出可行或不可行的结论。

在环境影响评价方面，标准引用了《海洋工程环境影响评价技术导则》（GB/T 19485）作为环境影响评价的准则，同时也强调了如果海洋能建设项目与陆地依托关系紧密相连时，环境影响评价还要包括建设项目所在陆地区域的设施评价，如海上交通、海底管线、海底隧道等影响评价，并应该对建设阶段、运营阶段和报废阶段的环境影响进行预测分析和得出明确的可行性结论。同时，标准还给出了“海洋能开发与利用环境影响评价指标体系”（包括一级指标 8 个，二级指标 19 个，三级指标 47 个）和多层次、多目标、多要素的综合评价方法。环境影响评价的结论也应给出可行或不可行的结论。

在经济评价方面，标准规定评价的主要内容为国家经济评价、财务评价和不确定性分析，评价的结论也需要给出可行或不可行的结论。

在社会影响评价方面，标准规定社会影响评价应该以社会稳定风险评价为主，同时考虑自然和社会环境状况、利益相关者意见诉求、公众参与情况等内容，总结分析和对比海洋能项目开发前后的社会状况，评价项目对当地社会影响，评价当地社会对项目的适应性和可接受程度，评价结论需给出可行或不可行的结论。

在政策评价方面，标准规定政策评价的主要内容为法律法规的支持、财政补贴、研发扶持、价格政策、投资政策、转向资金等内容。需要分析现行政策对海洋能开发利用项目的促进作用和阻碍作用，分析国家和地方政策是否适合当地海洋能项目的发展，评价结论也需给出可行或不可行的结论。

11) GB/T 35724—2017《海洋能电站技术经济评价导则》

本标准由国家海洋技术中心编制，2017 年 12 月 29 日发布，2018 年 7 月 1 日实施。标准适用于海洋能电站的技术成熟度评价和经济评价工作以及海洋能电站建设项目前期研究工作，包括范围、规范性引用文件、术语和定义、技术成熟度评价、经济评价、评价报告 6 个部分。

在海洋能电站建设项目技术成熟度评价方面，标准给出了海洋能发电装置和海洋能电站的技术成熟度等级定义、内容以及主要的成果形式，并作出以下规定。

TRL1-5 阶段为技术研发阶段：其中在 TRL1-3 阶段主要进行概念证明，TRL4 阶段主要在实验室环境下进行原理样机的研制，在 TRL5 阶段主要在实验室环境和模拟使用环境下进行演示样机的研制。

TRL6-7 阶段为基本成熟阶段：其中 TRL6 阶段主要在模拟环境下进行原型样机的研制，TRL7 阶段主要在使用环境下进行工程样机的研制。

TRL8-9 阶段为技术成熟阶段：主要在使用环境下对实际海洋能发电装置进行系统级的运行。

标准规定，在进行技术成熟度评价前需要先进行关键技术识别，对海洋能电站建设项目的工作结构和技术结构进行分解，确定关键技术的范围，识别关键技术项，评价技术的关键程度重要性和技术困难度。标准还给出了技术成熟度的评价流程(评价启动阶段、评价工作执行阶段和评价工作总结阶段)和评价风险的分析重点。

在海洋能电站建设项目的经济评价方面，标准规定需要进行国民经济评价、财务评价和不确定性分析，要求在评价时坚持客观性、科学性、公正性的原则，采用定性与定量相结合的方法进行评价。其中，国民经济评价方面，标准给出了海洋能电站建设项目的固定资产投资、流动资金和年运行费要求，还给出了经济内部收益率和经济净现值的计算公式；财务评价方面，标准规定了海洋能电站建设项目的财务支出、财务收入的内容，给出了财务内部收益率、财务净现值、固定资产投资借款利息以及资产负债率、投资回收期、资本金净利润率的计算公式；不确定分析方面，标准规定海洋能电站建设项目的不确定分析包括盈亏平衡分析和敏感性分析，主要分析项目成本与收益平衡和不确定性因素对财务指标的影响。标准中的附录部分还给出了详细的技术成熟度评价检查单，详细地描述了海洋能发电装置及电站建设过程中技术成熟度的评价内容和要点，为海洋能发电装置的产业化发展提供技术支撑。

12) GB/T 36999—2018《海洋波浪能电站环境条件要求》

标准由国家海洋技术中心编制，2018 年 12 月 28 日发布，2019 年 7 月 1 日实施。标准适用于海洋波浪能电站的规划、建设和运行，包括范围、规范性引用文件、术语和定义、总则、海上场区环境条件要求、海底电缆管道路由环境条件要求、陆上站区环境条件要求、与环境相关的安全要求 8 个部分。

标准认为，影响海洋波浪能电站环境条件的因素主要有电站海上试验区、海底电缆管道路由和陆上站区 3 个因素。

电站海上试验区：海洋波浪能电站海上试验区的环境影响参数主要有波浪、海流、水深和潮位、海底坡度、障碍物等。标准规定，在电站正式运行前，应搜集所在海域或附近海域海洋观测站点不小于 10 年的风、浪、流历史观测数据，计算 5 年、10 年、50 年的水文环境特征值分布和极限海况；对海上试验区的波浪、潮位、风等进行不小于 13 个月的现场连续观测，在大小潮期间对海流进行不小于 25 h 连续观测，设立长期波浪观测点和潮流观测点。建议波浪能发电装置不要布放在流速超过 2 m/s 的海域，重力式、桩基式波浪能发电装置不要布放在水深超过 100 m 的海域。

海底电缆管道路由：海底电缆管道路由的环境影响参数主要有海洋地质工程条件、地质安全性、腐蚀性等。标准规定海底电缆管道两侧 50 m 的区域为保护区，应该设置海面警示标识。保护区内不应有海上基础设施建筑和锚系结构，建议裸露在海底的海底管道每年检查一次防腐保护层。

陆上站区：陆上站区的环境影响参数主要有建筑物室内温度、相对湿度、通风条件等。标准规定，陆上站区的各类建筑物内侧应设置隔汽层，并列举了陆上站区各功能区的温度和相对湿度要求表格。配电室、继电器室等电气设施房间应有事故通风系统。控制室、电子设备机房等工艺设备房间，应有空气净化设施。

除了以上影响海洋波浪能电站环境影响的因素外，标准还介绍了关于防雷和接地、静电防护、消防、助行和救生的详细规定。

3. 2. 3. 2 海洋能开发利用行业标准

截至目前，我国已发布海洋能开发利用行业标准 9 项。

1) HY/T 045—1999《海洋能源术语》

本标准由国家海洋技术中心编制，1999 年 4 月 26 日发布，1999 年 7 月 1 日实施。标准适用于潮汐能、海流能、海洋热能、波浪能、盐差能等海洋能开发利用常用专用名词术语，包括范围、海洋能、潮汐能、海流能和潮流能、海洋热能、波浪能、盐差能 7 个部分，86 个术语。

海洋能部分包括 1 个术语，主要对海洋能的定义进行了解释。

潮汐能部分包括 32 个术语，主要对潮汐能、潮汐水轮泵站、库容、潮汐电站总效率等潮汐能开发利用过程中涉及的术语进行了解释。

海流能和潮流能部分包括 7 个术语。主要对海流能、海流能密度、时间平均海流能密度、位置平均海流能密度、摆线式透平、海流能量利用率、潮流能的定义进行了解释。

海洋热能部分包括 9 个术语。主要对海洋热能、海洋热能交换、海水温差发电系统、温差发电循环系统、开式循环系统、闭式循环系统、混合循环系统、外压循环系统、海洋热能的总能量的定义进行了解释。

波浪能部分包括21个术语。主要对波浪能转换装置、波浪能发电原理以及不同种类的波浪能发电装置名称进行解释，为便于标准使用人员理解，该标准根据不同种类的波浪能发电装置还进行了插图释义。

盐差能部分包括16个术语。主要对盐差能转换装置、盐差能发电原理以及不同种类的盐差能发电装置名称进行了解释。

2) HY/T 155—2013《海流和潮流能量分布图绘制方法》

本标准由国家海洋技术中心编制，2013年4月25日发布，2013年5月1日施行。标准规定了海流和潮流能量分布图绘制的相关内容，适用于1∶50 000、1∶100 000、1∶250 000、1∶1 000 000比例尺的海流和潮流能量图的绘制工作，包括范围、规范性引用文件、术语和定义、绘图基本要求、工作底图的要求、分布图绘制、成图质量控制7个部分。

标准规定，在绘制海流和潮流能量图过程中，应采用CGCS 2000坐标系，采用理论深度基准面为深度基准，采用墨卡托投影。绘制工作底图时，要绘制海岸带及海域要素和陆地水文要素，依托的原始数据资料(数字化电子地形图和海图)比例尺应不小于成图比例尺，并给出了基础地理信息的图式图例。绘制分布图时，所需的原始数据资料应包括调查海区、站位坐标、调查时间等数据信息，还应包括调查站相对应的海流能、潮流能的平均能流密度。标准还规定了图面设计及整体规格要求以及海流能、潮流能图式图例的相关要求，建议采用地理信息系统软件绘制工作底图，对等值线型分布图数据点的平均能流密度进行插值时，可采用克里金法，对散点型分布图可根据数据点的相应坐标，将其对应的平均能流密度及代表的水道截面面积绘制在工作底图上。

3) HY/T 156—2013《海浪能量分布图绘制方法》

本标准由国家海洋技术中心编制，2013年4月25日发布，2013年5月1日施行。标准适用于1∶50 000、1∶100 000、1∶250 000、1∶1 000 000比例尺的海浪能量图绘制工作，包括范围、规范性引用文件、术语和定义、绘图基本要求、工作底图的要求、分布图绘制、成图质量控制7个部分。

标准规定，在进行波浪能量分布图绘制过程中，应采用CGCS 2000坐标系，采用理论深度基准面作为深度基准，采用 1 : 50 000、1 : 100 000、1 : 250 000、1 : 1 000 000 的规定比例尺，采用墨卡托投影。在绘制工作底图时，依托的原始地图资料应采用不小于成图比例尺的数字化电子地形图和海图，应绘制海岸带及海域要素和陆地水文要素，标准给出了基础地理信息图式图例。在绘制分布图时，所需的原始资料应包含调查海区、站位坐标、调查时间、调查站位对应的海浪能流密度(单位：kW/m)及相应的数学或物理方法说明，标准给出了图面设计和整体规格、海浪能图式图例、图廓经纬细分样式的图例和文字注记示意表。对于等值线型分布图，标准规定需采用地理信息系统软件绘制工作底图，根据数据点相应的坐标，将其对应的海浪能量绘制在工作底图上。对于散点型分布图，标准规定可采用某一点的海浪能量代表特定海区的海浪能量进行绘制。

4) HY/T 181—2015《海洋能开发利用标准体系》

本标准由国家海洋标准计量中心编制，2015 年 7 月 30 日发布，2015 年 10 月 1 日实施。标准适用于海洋能开发利用领域标准的制定、修订和规划编制工作，包括范围、规范性引用文件、术语和定义、海洋能开发利用标准体系结构、海洋能开发利用标准体系明细表、海洋能开发利用标准统计表 6 个部分。

海洋能开发利用标准体系共分为 3 个层次：第一层为海洋能开发利用的基础通用性标准；第二层为门类标准，包括海洋能资源调查与评估及选址勘测、海洋能发电装置研制测试与评价、海洋能发电厂建设；第三层为组类标准，分为：①海洋能资源调查与评估及选址勘测组类，包括海洋能资源调查与评估、海洋能选址勘测评价；②海洋能发电装置研制测试与评价，包括海洋能发电装置研制、海洋能发电装置测试、海洋能发电装置评价；③海洋能发电厂建设，包括工程设计、发电厂设备、软件、工程施工建设、设备安装测试和调试、发电厂运行和维护、发电厂退役。

本标准由 2010 年海洋可再生能源专项“海洋能勘查及评价标准的研究和制定”支持完成标准征求意见稿，由 2012 年海洋可再生能源专项“海洋能开发利用技术标准与规范成果整合与集成”支持完成报批稿，最终于 2015 年由国家海洋标准计量中心编制完成，2015 年 10 月 1 日实施。该标准体系在编制过程中借鉴了风能、核能、太阳能等其他清洁能源标准体系的编制经验，对海洋能开发利用的发展起到了一定的指导和推动作用。该标准体系共涵盖国家标准24项，其中已发布5项，正在制定19项；行业标准59项，其中已发布3项，正在制定3项，将要制定53项。

5）HY/T 182—2015《海洋能计算和统计编报方法》

本标准由国家海洋技术中心编制，2015年7月30日发布，2015年10月1日实施。标准适用于潮汐能、潮流能、波浪能、海洋温差能、海洋盐差能及海洋风能的能量计算和统计工作，包括范围、规范性引用文件、术语和定义、测算要素、海洋能计算、编报方法6个部分。

潮汐能：潮汐能的测算要素为潮位，标准给出了正规半日潮、正规全日潮、混合潮3种不同潮型的能量理论计算公式以及潮汐能月平均理论功率、年平均理论功率和年平均潮差的计算公式。

潮流能：潮流能的测试要素为流速、流向、水道宽度、水道深度。标准给出了均匀流速下水道潮流能的功率密度和潮流能功率的计算公式以及多点测流条件下的水道潮流能计算公式。

波浪能：波浪能的测算要素为波高、周期和代表区域的长度。标准给出了二维规则波的波浪能功率密度、水深大于1/2波长的深水不规则波的波浪能功率密度计算公式以及某区段内波浪能平均理论功率和月（年）平均功率密度计算公式。

海洋温差能：海洋温差能的测算要素为水文和海水的平均体积。标准给出了海水中温差能平均密度和海水中温差能蕴藏能量的计算公式。

海洋盐差能：海洋盐差能的测算要素为盐度、淡水径流量。标准给出了海洋盐差能平均理论功率、海水理论渗透压和实际渗透压的计算公式。

海洋风能：海洋风能的测算要素为风速、风向。标准给出了海洋风能有气压气温参数和无气压气温参数的风功率密度计算公式以及风能密度、日（月、年）平均风能密度的计算公式。

标准还给出了海洋能统计编报的格式要求，列举了各海洋能能种表头记录、数据记录、说明记录的格式。

6)HY/T 183—2015《海洋温差能调查技术规程》

本标准由国家海洋技术中心编制，2015 年 7 月 30 日发布，2015 年 10 月 1 日实施。标准适用于大洋、近海海洋的海洋温差能调查和统计工作。包括范围、规范性引用文件、术语和定义、调查要素、技术指标、调查方式、调查的基本成型、一般规定、调查方法、资料整理、海洋温差能计算方法、报告编写 12 个部分。

标准规定，进行海洋温差能调查的要素应选取海水温度、盐度和水深，调查的测量仪器测量温度的最大允许误差为±0.2℃，测量盐度的最大允许误差为 0.2，测量水深的最大允许误差为±1% m。调查一般采用断面调查或走航式调查，当调查断面的水深小于 200 m 时，调查的层深度为 1 m、5 m、10 m、15 m、20 m、25 m、30 m、50 m、75 m、100 m、125 m、150 m、底层；当调查断面的水深大于 200 m 时，相邻的层次深度应大于 25 m。在进行海洋温差能调查时，应制定航次调查计划，选择的调查站点的上层海水水温和深层海水水温的温差不小于 11℃，建议相邻站位的经度或纬度大于 0.5°，且至少春、夏、秋、冬季各进行一次海洋温差能调查。

海洋温差能调查可采用断面方式调查和走航方式调查。当采用断面方式调查时，标准规定，调查船到指定调查点后应立即进行调查，调查结束时若船只漂移超过相邻两个调查点距离的 5%，需要重复调查。当采用走航方式调查时，标准规定，调查船只应匀速航行且船只偏离航线不能超过预定航线的 5%。调查结束后应将航次计划、现场调查的原始数据、航海日志、航次报告等数据资料进行整理汇总和保存。

7)HY/T 184—2015《海洋盐差能调查技术规程》

本标准由国家海洋技术中心编制，2015 年 7 月 30 日发布，2015 年 10 月 1 日实施。标准适用于江河入海口水域的海洋盐差能调查工作，包括范围、规范性引用文件、术语和定义、调查要素、技术指标、调查方式、调查的基本程序、一般规定、调查方法、资料整理、海洋盐差能计算方法、报告编写 12 个部分。

标准规定，进行海洋盐差能调查的主要调查要素为淡水径流量、水温和盐度，调查使用的测量仪器，当流速小于 100 cm/s 时，流速测量的最大允许误差应小于±3 cm/s，当流速大于等于 100 cm/s 时，流速测量的最大允许误差应小于

±5%；流向测量的角度误差应小于±5°；当水深小于30 m时，深度测量的最大允许误差应小于±0.3 m，当水深大于等于30 m时，深度测量的最大允许误差应小于1%；断面长度最大允许的误差不大于±10 m；水温测量的最大允许误差不大于±0.2℃；盐度测量的最大允许误差不大于±0.2。

海洋盐差能的调查方法有走航式调查和断面调查。调查前应制定航次调查计划，选择的调查点应靠近江河入海口，调查点的设置应与江河入海的淡水流向一致，可采用等距离或等深线分布。在进行调查时，可以采用调查站址连续观测5年以上的径流量和1年以上的潮位历史数据以及1年以上的海上温度、盐度数据作为历史数据参考。

标准建议，走航式调查时选取ADCP为测量仪器，断面调查时选取流速仪和浮标为测量仪器，调查的周期为1年，每月按大潮、中潮、小潮期实测，每个潮期的时间观测长度应至少包括一个涨潮和落潮，涨潮每小时测量一次，落潮每半小时测量一次。标准还给出了海洋盐差能的理论蕴藏量和渗透压的计算公式以及ADCP走航流量测量的具体方法。

8）HY/T 185—2015《海洋温差能量分布图绘制方法》

本标准由国家海洋技术中心编制，2015年7月30日发布，2015年10月1日实施。标准适用于1∶50 000、1∶100 000、1∶250 000、1∶500 000、1∶1 000 000比例尺的海洋盐差能能量分布图绘制，包括范围、规范性引用文件、术语和定义、基本要求、工作底图要求、分布图绘制、图件质量要求7个部分。

标准规定，海洋温差能量分布图绘制应采用CGCS 2000坐标系，采用理论深度基准面，采用墨卡托投影。在绘制工作底图时，应包含海岸线、岛屿、河流和湖泊等要素，当底图比例尺大于1∶250 000时，还应选取居民地作为绘图要素。在地图资料收集时，应采用不小于成图比例尺的数字化电子地形图作为地图资料，如海岸带滩地底图、行政区图或海图等。在绘制分布图时，标准给出了温差能图式图例和图面、注记、图廓经纬线的要求以及温差能密度分布图样。

9）HY/T 186—2015《海洋盐差能量分布图绘制方法》

本标准由国家海洋技术中心编制，2015年7月30日发布，2015年10月1日实施。标准适用于1∶50 000、1∶100 000、1∶250 000、1∶500 000、1∶1 000 000

的海洋盐差能分布图绘制，包括范围、规范性引用文件、术语和定义、基本要求、工作底图要求、分布图绘制、图件质量要求 7 个部分。

标准规定，海洋盐差能量分布图绘制应采用 CGCS 2000 坐标系，采用理论深度基准面，采用墨卡托投影。绘制底图的要素包括海岸线、岛屿、河流和湖泊，当底图比例尺大于 1∶250 000 时，应选取居民地作为绘图要素。在绘制分布图时，标准给出了盐差能特征值图式图例、图面要求、注记要求和图廓经纬线的要求和示例，并规定图件绘制时图面要清晰、标题要明确、线条字体应准确无误。

4　我国海洋能开发利用标准体系的优化与评价

通过对国内外海洋能标准的分析可以发现，目前国内外海洋能标准还存在一定的差距。国外标准主要涉及装置研制、性能测试、电力评估、环境影响评价及产业发展等领域，而国内标准主要涉及术语通用、资源调查、海洋能资源图绘制等领域。本章主要介绍对海洋能开发利用标准体系优化开展的研究。

4.1　海洋能开发利用标准体系优化的必要性

海洋能开发利用标准体系作为海洋能开发利用标准化环节的顶层文件，由国家海洋标准计量中心编制，由2010年海洋可再生能源专项“海洋能勘查及评价标准的研究和制定”支持完成标准征求意见稿，由2012年海洋可再生能源专项“海洋可再生能源开发利用技术标准与规范成果整合与集成”支持完成报批稿，最终于2015年由国家海洋标准计量中心发布实施。该标准体系在编制过程中借鉴了风能、核能、太阳能等其他清洁能源的标准体系编制经验，形成了以“海洋能资源调查与评估及选址勘测评价”“海洋能发电装置研制、测试与评价”“海洋能发电厂建设”3个门类框架为基础的海洋能开发利用标准框架。该标准体系在海洋能开发利用的初期起到了一定的指导作用。

随着海洋能开发利用技术的不断发展，尤其是海洋能开发利用产业化的不断推进，该体系在框架结构和标准明细方面尚需完善和改进。比如，在框架结构方面，海洋能开发利用管理类标准及产业化类标准方面，该标准体系并未涉及，而且“海洋能资源调查与评估及选址勘测评价”“海洋能发电装置研制、测试与评价”“海洋能发电厂建设”3个门类下属的组类标准由于受制于当时海洋能技术水平，划分得不够细致，无法准确反映海洋能开发利用的技术特点；在标准明细方面原海洋能开发利用标准体系共包括标准明细 83 项(已发布 8 项，正在制定 22 项，将要制定 53 项)，与现行或在研的标准明细也存在一定差异。所以，为了使海洋能开发利用标准体系能及时反映当前海洋能开发利用的现状，并全面涵盖当前海洋能开发利用的各项内容，进而促进为海洋能技术和海洋能产业的发展提供标准依据，需要对海洋能开发利用标准体系进行修订和完善。

在国外方面，欧洲海洋能源中心(EMEC)和海洋能——波浪能、潮流能和其他水流能转换装置标准化技术委员会(IEC/TC114)作为海洋能国际标准制定的先驱者，已完成多项海洋能开发利用标准的制定工作并颁布实施，为世界各国进行海洋能开发利用研究转化提供了基本原则和统一要求，截至目前，欧洲海洋能源中心(EMEC)已发布了 12 项国际海洋能技术标准，IEC 已发布了 14 项海洋能标准。纵观国外海洋能标准的技术内容可以得知，国外海洋能标准主要集中在发电装置性能测试评价、海洋能资源评估、海洋能电站评估、发电系统并网及运行保障等方面，与我国当前海洋能开发利用的标准框架有一定的差异。

4.2 我国海洋能开发利用标准体系优化的基本原则

编制我国海洋能开发利用标准体系，首先，要摸清我国海洋能技术发展现状，海洋能装置在研制、测试环节的技术特点，预估未来海洋能产业的发展方向和发展规模；其次，要研究国内外海洋能标准的结构、内容和特点，梳理已出版的现行国内海洋能标准涵盖的技术内容以及发展动向，采用横向和纵向比对研究的方法，找出当前我国海洋能开发利用体系的不足和亟须完善的技术内容，避免走重复弯路，提高标准体系的编制效率；再次，编制我国海洋能开发利用标准体系要坚持以技术为出发点，以大量的科学事实和研究为基础，使标准体系能够进一步促进海洋能技术的发展；最后，编制我国海洋能开发利用标准体系要体现《海洋可再生能源发展“十三五”规划》及其他相关战略规划的要求，使海洋能开发利用的战略发展与标准体系的建设相互协调、促进和补充，形成有机的整体。此外编制我国海洋能开发利用标准体系还应该坚持以下原则。

1) GB/T 13016—2018《标准体系构建原则和要求》

GB/T 13016 指出标准体系的建立，首先，要目标明确，标准体系要围绕标准的业务目标开展，标准体系的构建之初应首先确认标准化的目标；其次，要全面成套，标准体系的构建要体现整个体系的完整性和整体性，即各级子体系及子系统下属体系、标准明细表要全面、完整；再次，要求层次适当，为了便于理解和使用，标准体系的层数不宜过多，基础共性的标准内容应当作为上一层次的共性标准，标准明细表的所有标准都应有相应的层次，而且同一标准不应在同一标准体系中出现两次；最后，要求层次清晰，各子体系的范围和边界的确定应按行业、专业或门类等标准特点的同一性划分，而不是按照行政机构的管理范围划分。

2) 系统性原则

系统性原则是标准体系建设的根本原则。海洋能开发利用标准体系建设要坚持以系统性为基础，标准体系表中的层次不能简单地按照海洋能管理的行政系统职责进行划分，而是要以体现海洋能产业发展的总体思想和所涉及的各种技术、行业为主要依据。坚持系统研究与整体规划相结合，在广泛调研的基础上，提出标准体系的建设内容应当满足整个海洋能技术和海洋能产业发展的需要，同时借鉴我国海洋能发展战略规划的相关内容，制定海洋能开发利用标准体系的建设战略、体系框架、实施指南等，及时与海洋能发展的近期目标、中期目标、长期目标相呼应。同时还应意识到海洋能作为可再生能源的一种，海洋能开发利用标准体系的建设作为可再生能源标准化的一部分，在编制时也应参考可再生能源发展规划和标准化工作的相关要求。

3) 科学性原则

科学性原则是保证海洋能开发利用标准体系安全、可靠、稳定运行的根本，在编制标准体系的过程中，要科学性地区分各个标准之间的相关联系，保证标准文件前后的一致性，明确标准体系中各项内容的科学逻辑，恰当地将标准明细表的各项内容安排在不同的层数上，做到层次分明，科学合理。遵循力求简化、协调和统一的思想，将海洋能产业的各项技术、产品、研发、服务工作纳入标准体系中，科学划分标准子体系，使得各项标准子体系互相配套，构成一个完整、全面和均衡的海洋能开发利用标准体系。

4)兼容性原则

海洋能开发利用标准体系应该优选我国国内现行的海洋能国家标准、行业标准，同时还要充分利用国内外海洋能开发利用的标准化成果，确保在一定时期内标准体系的建设满足科学技术水平的发展和海洋能产业规模的扩大需求，借鉴EMEC和IEC的相关海洋能开发利用标准内容，掌握国外海洋能开发利用标准化的发展动向。标准体系明细表的标准尽可能涵盖国内外现行的海洋能标准，鼓励国内机构和单位对海洋能国际标准使用等同、修改采用的模式转化为国内标准，鼓励国内技术完备的海洋能标准积极申报国际标准，从而保证我国海洋能标准化工作与国际接轨，使国内、国际标准互相兼容。

5)开放性原则

目前，我国各行业的开放程度和融合程度都在上升，任何行业都必须通过信息交换的途径获得提升。对于海洋能开发利用体系而言，从涉及专业上涵盖了机械、电子、水动力、材料和物理海洋等多个学科，从参与单位上涵盖了国企、高校、科研院所、私企及国外公司等众多机构。因此，在制定海洋能开发利用标准体系时，要坚持开放性原则，既不能局限于当前海洋能开发利用技术发展，忽略了其他交叉专业对体系的要求，又不能局限于国内海洋能标准现状，忽视了国外海洋能标准的动态。同时还要保证标准体系建设机制和建设过程的透明性，无论是标准体系建设征求意见过程，还是标准体系建设完成的公示过程，都要向社会各界公开，充分体现标准体系的透明和公开。

6)预见性原则

在编制标准体系框架，确定标准体系明细表时，既要考虑目前社会经济的需要和海洋能开发利用的技术水平及其产业现状，也要预见性地估计未来科学技术的发展和国际先进技术水平的发展趋势。因此，海洋能开发利用标准体系在编制过程中要体现预见性、发展性原则，以适应现代科学技术的不断发展和科技管理水平的提高对体系的影响。此外，还需要深刻理解可再生能源发展规划和海洋能开发利用战略规划的总体思想，使编制的标准体系既满足当前海洋能技术发展的需要，又能为未来海洋能产业的发展壮大提供支撑。

7) 国际性原则

国际化是当今世界信息化、全球化环境的客观要求。世界上众多国家都制定并完善了相应的海洋能开发利用标准，因此，在我国海洋能开发利用标准的编制过程中，要坚持信息共享、资源共用的原则，整合当前各国海洋能工作的先进经验，梳理海洋能开发利用标准的管理和应用模式，密切跟进最新发展，密切保持与国际标准化工作的协调性和一致性，积极开展海洋能国际标准的翻译、适应性研究工作，补充我国海洋能开发利用标准体系的建设内容。

4.3 我国海洋能开发利用标准体系的优化思路

我国可再生能源分为水力、风力、太阳能、氢能、生物质能和地热等多个能源种类，在海洋能开发利用标准体系优化研究工作中，为了进一步对当前海洋能开发利用标准体系进行完善，应该首先了解其他可再生能源标准体系的现状。本节主要对水电行业、风电行业、太阳能光伏行业、氢能行业等其他可再生能源的标准体系进行介绍。

4.3.1 我国可再生能源标准体系现状

当前比较成熟的可再生能源开发利用有水电、风电、太阳能光伏和氢能等，其相应行业的标准体系现状如下。

1) 水电标准体系

2015 年 2 月，按照《国家能源局综合司关于开展水电行业技术标准体系课题研究的函》(国能综科技〔2015〕57 号)的要求，水电水利规划设计总院组织开展了水电行业技术标准体系的编制工作。该技术标准体系第一层包括通用及基础标准、规划及设计、设备、建造调试及验收、运行维护、退役 6 个一级分类，其中：

“通用及基础标准”第二层又分为通用、安全、水电监管、信息与档案、节能环保、征地移民、基础材料及试验 7 个二级分类；

“规划及设计”第二层又分为通用标准、规划、工程勘察、水工建筑物、机电、金属结构、施工组织设计、征地移民、环境保护、工程造价 10 个二级分类；

“设备”第二层又分为机电设备、金属结构设备、安全监测仪器 3 个二级分类；

“建造调试及验收”第二层又分为通用标准、材料与试验、土建工程、机电设备安装调试、金属结构制造安装调试、施工安全、征地移民、环境保护、质量评定及验收 9 个二级分类；

“运行维护”第二层又分为通用标准、建筑物及库区、机电设备、金属结构设备、安全监测、环境保护、安全管理 7 个二级分类。

2017 年《水电行业技术标准体系》进行了修订，按照“使用和监管”的原则以及“增量严控，存量求精”的要求，以“标准族”的形式对现有标准进行梳理完善，形成新版水电行业技术标准体系，见表 4-1。

表 4-1　水电行业技术标准体系

T 通用及基础标准	A 规划及设计	B 设备	C 建造与验收	D 运行维护	E 退役
T01 通用	A01 通用	B01 机电设备	C01 通用	D01 通用	
T02 安全	A02 水文泥沙	B02 金属结构设备	C02 材料与试验	D02 水库及电站运行调度	
T03 监督管理	A03 工程规划	B03 安全监测仪器	C03 土建工程	D03 水工建筑物	
T04 环保水保	A04 工程勘察	B04 环保设备	C04 机电设备安装调试	D04 机电设备	
T05 节能	A05 水工建筑物	B05 水文监测设备	C05 金属结构	D05 金属结构	
T06 征地移民	A06 机电		C06 施工设备设施	D06 安全监测	
T07 信息化	A07 金属结构		C07 施工安全	D07 征地移民	
T08 档案	A08 施工组织设计		C08 征地移民	D08 环保水保	
	A09 征地移民		C09 环保水保	D09 安全管理	
	A10 环保水保		C10 质量检测与评定	D10 技术监督	
	A11 安全与职业健康		C11 工程造价	D11 更新与改造	
	A12 工程造价		C12 工程管理与验收	D12 工程造价	

2）风电标准体系

2010年5月，国家能源局发布了《风电标准建设工作规则》和《风电标准体系框架》，其中《风电标准建设工作规则》提出了风电标准建设要充分发挥风电建设单位、设计单位、制造单位、科研院所、行业协会、检测认证机构及高校等多方的作用，规定能源行业风电标准技术委员会负责风电场的规划设计、施工安装、运行维护、并网管理及风电机械设备、电器设备等专业标准的归口工作。在《风电标准体系框架》文件中，国家能源局给出了当前风电行业的标准体系框架，该框架第一层包括风电场规划设计、风电场施工与安装、风电场运行维护管理、风电并网管理技术、风力机械设备、风电电器设备6个分类。

“风电场规划设计”第二层包括信息监管、风能资源测量与评价、风电场工程规划、风电场工程预可行性研究、风电场工程可行性研究、风电场工程投资、风电场设计7个二级分类，包括国家风电信息管理办法、国家风电信息管理技术规定等31个三级分类；

“风电场施工与安装”第二层包括风电场施工、风电场安装、风电场工程验收3个二级分类，包括风电（场）工程施工组织设计规范、风电机组（场）地基与基础施工规范等17个三级分类；

“风电场运行维护管理”第二层包括风电场运行、风电场维护、风电场管理3个二级分类，包括风电场运行指标与评价、风力发电场运行规程等28个三级分类；

“风电并网管理技术”第二层包括风电场接入电网、风电运行调度管理、风电入网检测3个二级分类，包括大型风电场接入电力系统技术规定、大型风电场接入电力系统设计内容深度等15个三级分类；

“风力机械设备”第二层包括风力发电机组基础、小型风力发电机组、风力发电机组通用、风力发电机组-系统及零部件、离网型风力发电机组5个二级分类，包括电工术语风力发电机组、风力发电机组通用技术条件与试验方法等52个三级分类；

“风电电器设备”第二层包括风电电器设备基础、风力发电机组电气系统、风力发电机、风电变流系统、风电控制系统、风电储能设备、风电输配电设备、风电用电线电缆 8 个二级分类，包括风电电器设备基本术语、风力发电机线圈绝缘体材料、风力发电机匝间绝缘材料等 40 个三级分类。

3）太阳能光伏技术标准体系

为了进一步规范太阳能光伏产业的健康有序发展，2017 年，工业和信息化部办公厅《关于印发〈太阳能光伏产业综合标准化技术标准体系〉的通知》（工信厅科〔2017〕45 号）。该通知确定了太阳能光伏产业链由光伏材料、光伏电池、光伏组件、光伏部件、光伏发电系统、光伏应用以及光伏设备 7 个板块构成，在“太阳能光伏技术标准体系”编制时将光伏组件与光伏电池合并，又增加了基础通用层级，形成的新的“太阳能光伏技术标准体系”如图 4-1 所示。

该通知还明确了太阳能光伏产业现有标准、制修订中的标准、拟修订标准和待研究标准共 500 项，其中基础通用标准主要包括术语、节能环保、安全生产等标准项目共 29 项。光伏制造设备标准主要包括设备通用标准、材料生产加工设备等标准项目共 57 项。光伏材料标准主要包括光伏半导体晶体材料、工艺材料、电极材料等标准项目共 165 项。光伏电池和组件标准主要包括光伏电池和组件通用标准、光伏电池、光伏组件、其他标准项目共 114 项。光伏部件标准主要包括光伏系统通用部件、独立系统用部件、并网系统用部件、其他标准项目共 45 项。光伏发电系统标准主要包括系统通用标准、独立发电系统、并网发电系统、其他标准项目共 62 项。光伏应用标准主要包括光伏建筑、光伏照明、光伏通信电源、光伏交通设施等标准项目共 28 项。

4）氢能标准体系

目前，我国开展氢燃料电池的标准化的机构组织主要有 4 个，分别是全国氢能标准化技术委员会、全国燃料电池及液流电池标准化技术委员会、全国汽车标准化技术委员会、全国气瓶标准化技术委员会，共出版和发布国家标准 80 余项，行业标准 40 余项，地方标准 5 项，多数标准的技术内容集中在氢能产业化方面，氢能的其他方面应用较少。根据《氢能技术标准体系与战略》一书的介绍，氢能技术标准体系的第一层级分为氢能基础与管理标准、氢质量标准、氢安全标准、氢工程建设标准、氢制备与提纯标准、氢储运与加注标准、氢应用标准、氢检测标准 8 个分类，其中氢能基础与管理标准包括 3 个二级分类、氢质量标准包括 3

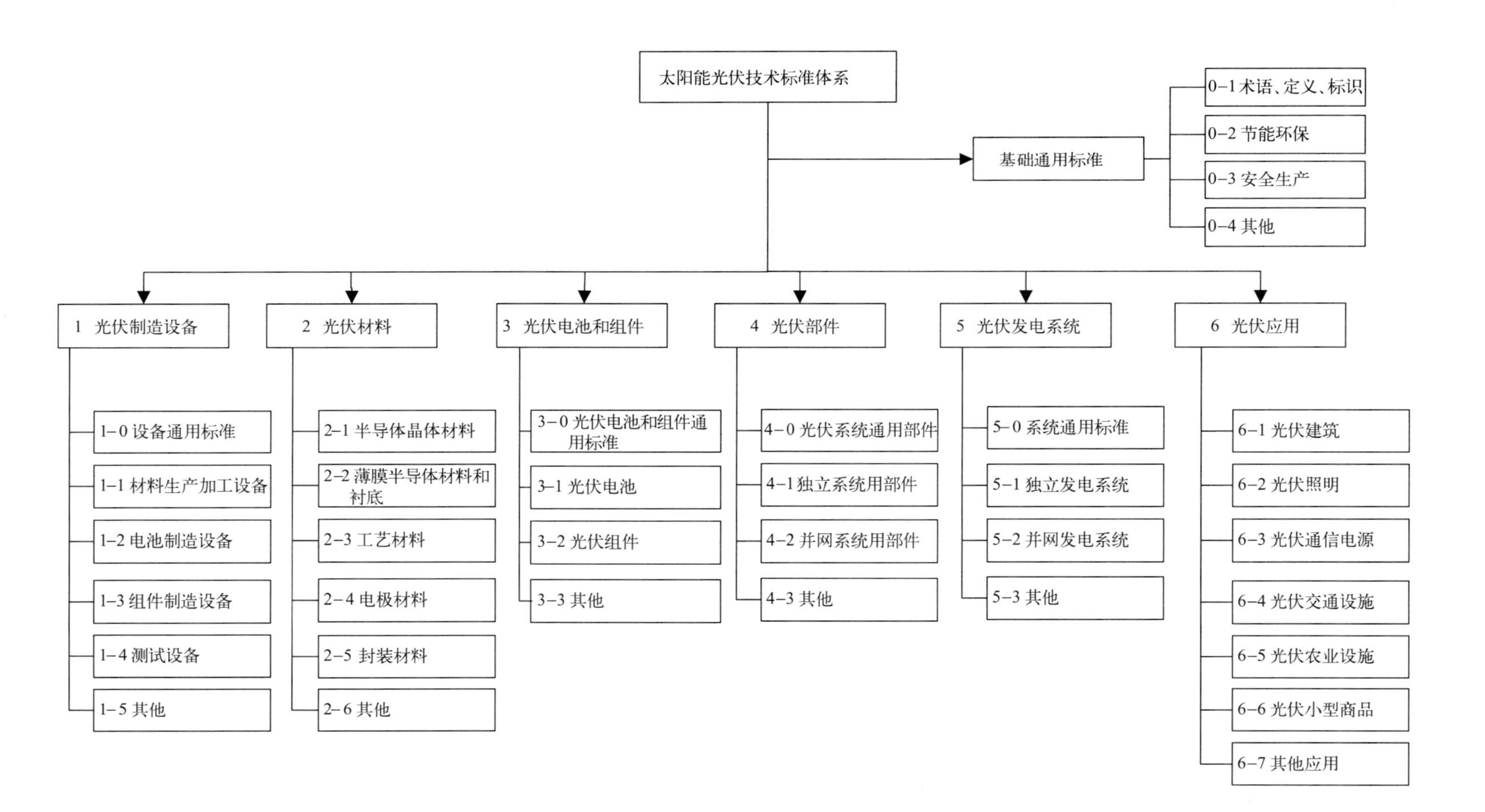

图4-1 太阳能光伏技术标准体系

个二级分类、氢安全标准包括 4 个二级分类、氢工程建设标准包括 6 个二级分类、氢制备与提纯标准包括 6 个二级分类、氢储运与加注标准包括 4 个二级分类、氢应用标准包括 5 个二级分类、氢检测标准包括 6 个二级分类以及总计约 200 项已发布或即将制定的国家标准和行业标准。

4.3.2 我国海洋能标准体系的优化

通过对上述可再生能源标准体系的分析，在原海洋能开发利用标准体系的基础上，依据《海洋可再生能源“十三五”发展规划》《国家标准化体系建设发展规划(2016—2020)》等政策文件的要求，根据当前海洋能开发利用技术、产业现状和发展趋势，按照《标准体系构建原则和要求》(GB/T 13016—2018)的规定，不断补充和完善标准体系的详细内容，形成以海洋能开发利用管理标准、海洋能资源调查及评估类标准、海洋能发电装置测试及评价标准、海洋能电站选址勘测及建设类标准、海洋能并网发电类标准、海洋能开发利用产业化类标准、海洋能安全防护及保障类标准为基础的海洋能开发利用标准体系。通过分析当前海洋能开发利用现状，完成海洋能标准规范体系框架规划，形成海洋能开发利用标准体系主框架(图 4-2)。

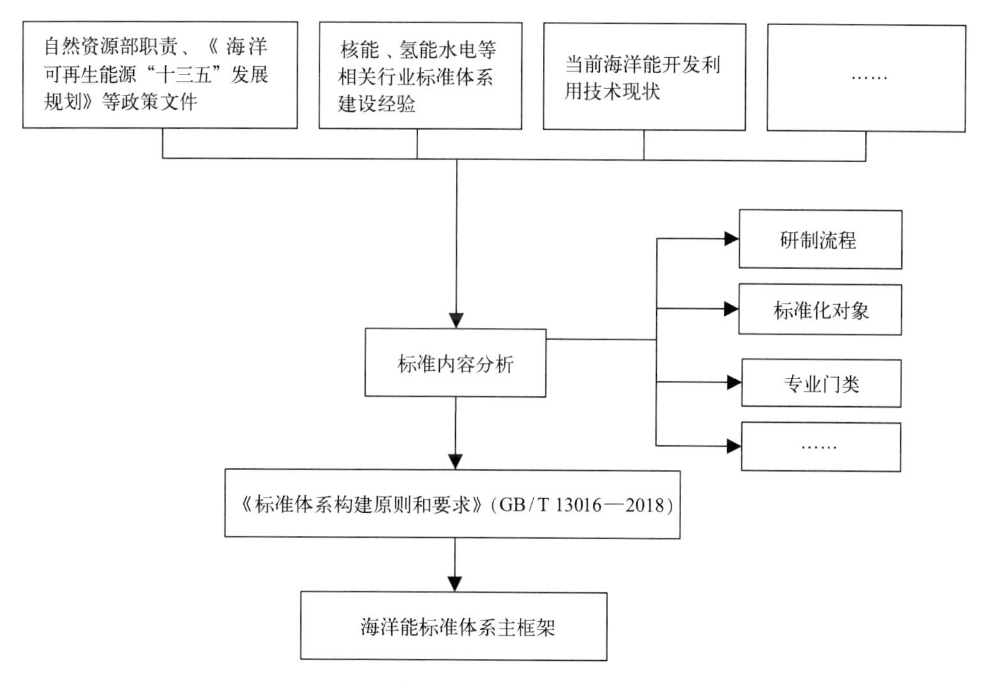

图 4-2 海洋能开发利用标准体系优化流程

4.4 海洋能开发利用标准体系

依据海洋能标准体系主框架，细化标准体系第一层的各项内容，依据当前国内外海洋能开发利用技术的现状，确定标准体系第二层门类标准及第三层组类标准，完成海洋能开发利用标准体系框图(图4-3)。

海洋能开发利用标准体系第一层共包括7个分类，分别是：

(1)海洋能开发利用管理类标准；

(2)海洋能资源调查及评估类标准；

(3)海洋能发电装置测试及评价标准；

(4)海洋能电站选址勘测及建设类标准；

(5)海洋能并网发电类标准；

(6)海洋能开发利用产业化类标准；

(7)海洋能安全防护及保障类标准。

“海洋能开发利用管理类标准”第二层又包括2个分类标准，分别是：

(1)海洋能开发利用规划；

(2)海洋能发电装置质量控制。

“海洋能资源调查及评估类标准”第二层又包括3个分类标准，分别是：

(1)海洋能资源调查数据资料；

(2)海洋能资源调查技术规范；

(3)海洋能资源评估。

“海洋能发电装置测试及评价标准”第二层又包括4个分类标准，分别是：

(1)海洋能发电装置研制；

(2)海洋能发电装置室外测试；

(3)海洋能发电装置室内测试；

(4)海洋能发电装置性能评价。

“海洋能电站选址勘测及建设类标准”第二层又包括4个分类标准，分别是：

(1)海洋能电站选址勘测；

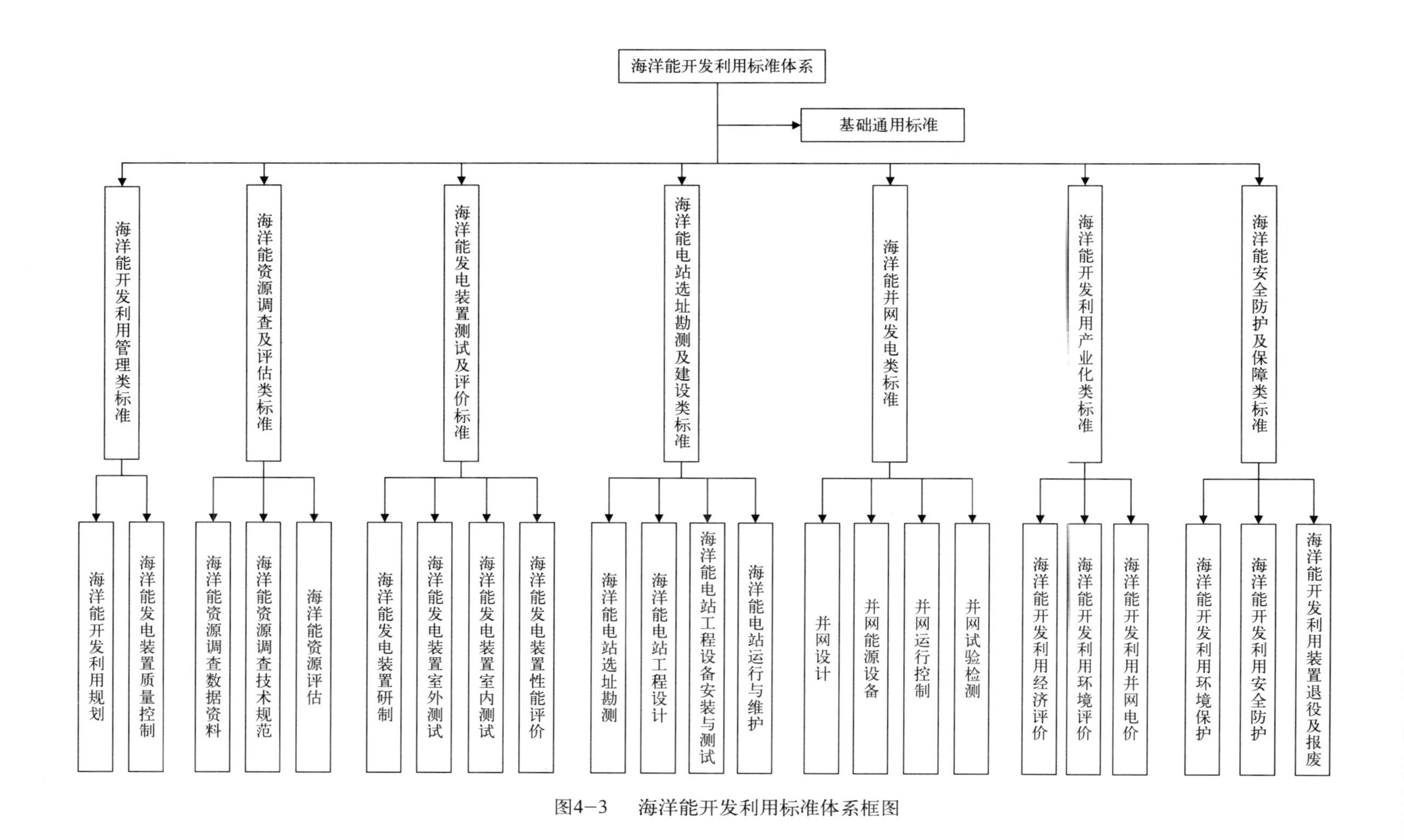

图4－3　海洋能开发利用标准体系框图

(2)海洋能电站工程设计；

(3)海洋能电站工程设备安装与测试；

(4)海洋能电站运行与维护。

“海洋能并网发电类标准”第二层又包括4个分类标准，分别是：

(1)并网设计；

(2)并网能源设备；

(3)并网运行控制；

(4)并网试验检测。

“海洋能开发利用产业化类标准”第二层又包括3个分类标准，分别是：

(1)海洋能开发利用经济评价；

(2)海洋能开发利用环境评价；

(3)海洋能开发利用并网电价。

“海洋能安全防护及保障类标准”第二层又包括3个分类标准，分别是：

(1)海洋能开发利用环境保护；

(2)海洋能开发利用安全防护；

(3)海洋能开发利用装置退役及报废。

4.5 “海洋能开发利用标准体系”的评价指标体系设计

通过前面的分析，结合EMEC、IEC、SAC/TC 283发布的标准和我国海洋能发展技术现状，已经完成了对原海洋能开发利用标准体系的修改与完善，为了验证修改与完善后的“海洋能开发利用标准体系”的科学性和适用性，本节提出了一种评价方法，通过建立评价指标体系对修改与完善后的“海洋能开发利用标准体系”进行定性和定量的评价。

4.5.1 评价指标体系的设计基础

评价方法是评价体系建立的基础，评价方法种类繁多，常用的几种指标评价方法有德尔菲法、因子分析法、层次分析法等。由于评价指标体系具有系统性、典型性、科学性等特点，不同的评价方法其特点也各不相同。

基于上述方法，国内外学者已经将评价理论基础应用到工程和研究领域。2001 年张永清等将层次分析法应用于评价桥梁安全性，并对桥梁安全性指标进行定量分析；2005 年张先起等将模糊物元模型应用于水质综合评价，对水质评价提出一种新的评价方法；2012 年杜航将层次分析法应用于港口选址问题研究，对选址问题进行优化分析，评价出最优的选址方案；2012 年马蒂尼斯提出了一种渐近因子计算方法，提高了因子算法的准确度。

在评价指标体系建立时，应满足以下要求。

1）研究确定指标体系的设计原则

指标体系的设计原则有许多，如目的性原则、科学性原则、系统性原则、可操作性原则、时效性原则、典型性原则、可比性原则和定性与定量相结合原则等。指标体系的设计需要根据需求和目标从上述各项原则中选择适合海洋能标准化的原则，以保证最终建立的评价指标体系既能反映标准转化的各项指标要求，又容易被使用人员和评价人员所接受。

2）明确评价指标体系的约束条件

评价指标体系是表述评价对象中各个指标之间的联系与特性所形成的整体，指标评价具有系统性、典型性和可行性等特点，已经广泛应用于林业、经济、建筑等领域，并在海洋政策、海洋经济、海洋环境影响等方面也发挥了一定作用。

3）构建评价指标体系

明确评价的约束条件（通常包括评价对象、评价目标及评价原则等）后，以约束条件为基础，将影响要素进行指标分解，由总目标开始、自上而下逐层逐个对指标进行分解，应尽可能全面地提出所有反映上一级指标特性的指标，从而得到指标集。此时需要判断末级指标细化程度和可度量程度（末级指标细化程度的判断需要综合多方意见，且要尽量保证所有末级指标的细化程度相近），以决定是否继续进行指标分解：若末级指标细化程度和可度量程度未达到要求，则继续进行指标分解；若满足要求则停止分解，从而获得最终完整的评价指标体系。

在指标评价方法的选取上，常见的方法有德尔菲法、层次分析方法、因子分析法。

1）德尔菲法

德尔菲法也称为专家调查法，1946 年由美国兰德公司创立。德尔菲法主要是选取所需解决的问题邀请相关专家匿名进行征求意见，意见结果经归纳、整理、统计等，再匿名反馈给相关专家，再次征求意见，归纳整理意见结果后，再次反馈，直到所需解决的问题达到一致性。德尔菲法的本质是一种反馈匿名的函询法，它有明显的匿名性、多次反馈、归纳统计 3 个特点。德尔菲法的具体实施步骤如图 4–4 所示。

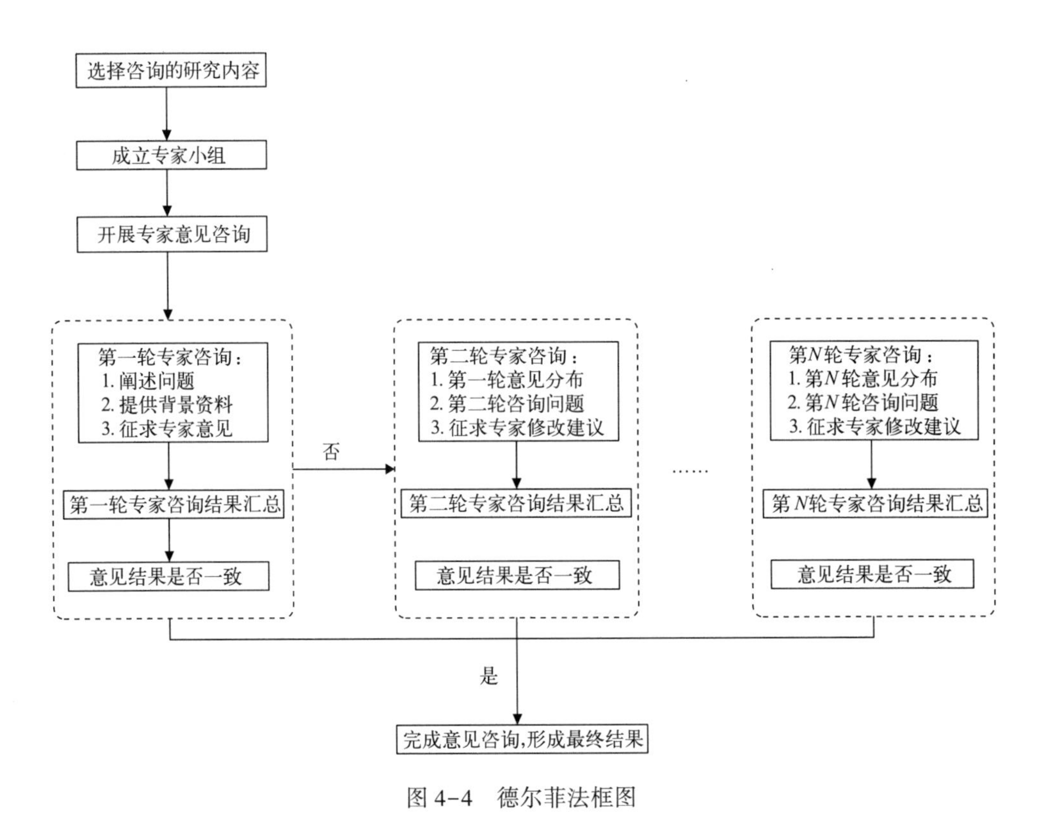

图 4–4　德尔菲法框图

（1）成立专家咨询小组。按照研究内容所确定的知识和专业范围，确定咨询专家。咨询专家人数的多少可以根据所需咨询问题的范围确定，一般咨询专家的人数不宜超过 20 人。

（2）向所有咨询专家提出所要预测的问题及相关要求，并附上有关这个问题的所有背景材料，同时询问咨询专家还需要什么材料，补充完善后由咨询专家书面答复。

(3)各位专家根据他们所收到的材料，提出自己的结论意见，并说明得出这些结论的依据和大概的思路。

(4)将各位专家判断意见进行汇总，可以列成图表或其他形式进行对比和汇总，梳理出相同意见条目及不同意见条目，再分发给各位专家，让专家比较自己同他人的不同意见，对自己的意见和判断进行修改。或者请专业领域内水平更高的其他专家进行评议，然后把这些意见再分送给各位专家，以便他们参考后修改自己的意见。

(5)待专家收到第一轮反馈意见并进行更正以后，再次将所有专家的修改意见收集起来，汇总，以便做第二次修改。逐轮收集意见并为专家反馈信息是德尔菲法的主要环节。收集意见和信息反馈过程一般要进行三四轮。在向专家进行反馈的时候，只给出各种意见，但并不说明发表各种意见的专家的具体姓名。这一过程重复进行，直到每一位专家不再改变自己的意见为止。

(6)对所有轮次的意见进行汇总处理和保留。

(7)在得出一致性意见后，即为以德尔菲法完成了需要解决的问题。

2)层次分析法

层次分析法(analytic hierarchy process，AHP)是美国著名运筹学家Satty于20世纪70年代初提出的。Weber等提出利用AHP算法进行供应商评估和选择。AHP算法是一种定性与定量相结合的决策分析方法。它是一种将决策者对复杂系统的决策思维过程模型化、数量化的过程。应用这种方法，决策者通过将复杂问题分解为若干层次和若干因素(图4-5)，在各因素之间进行简单的比较和计算，就可以得出不同方案的权重，为最佳方案的选择提供依据。

层次分析法的基本原理是依据具有递阶结构的目标、子目标(准则)、约束条件、部门等来评价方案，采用两两比较的方法确定判断矩阵，然后把判断矩阵的最大特征值相对应的特征向量分量作为相应的系数，最后综合给出各方案的权重(优先程度)(图4-6)。

AHP算法的基本过程，大体可以分为以下几个基本步骤。

(1)明确问题。即弄清问题的范围，所包含的因素，各因素之间的关系等，以便尽量掌握充分的信息。

(2)建立层次结构。在这个步骤中，要求将问题所包含的因素进行分组，把每一组作为一个层次，按照最高层(目标层)，若干中间层(准则层)以及最低层(方案层)的形式排列起来。如果某一个元素与下一层的所有元素均有联系，则称这个元素与下一层次存在有完全层次的关系；如果某一个元素只与下一层的部分元素有联系，则称这个元素与下一层次存在有不完全层次关系。层次之间可以建立子层次，子层次从属于主层次中的某一个元素，它的元素与下一层的元素有联系，但不形成独立层次。

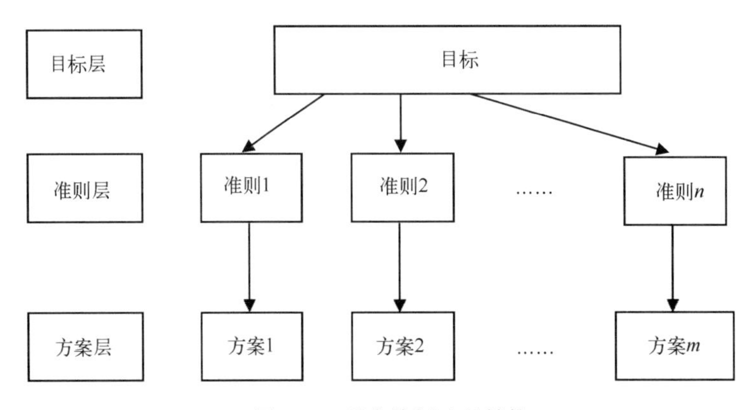

图 4-5　层次分析法的结构

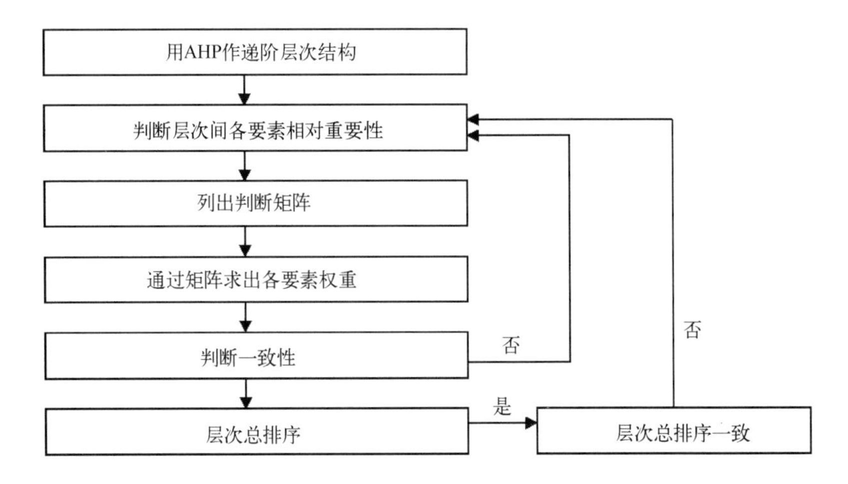

图 4-6　AHP 算法基本步骤

(3)构造判断矩阵。这个步骤是层次分析法的一个关键步骤。判断矩阵表示针对上一层次中的某元素而言，评定该层次中各有关元素相对重要性的状况。设

有 n 个指标，$\{A_1, A_2, \cdots, A_n\}$，$a_{ij}$表示 A_i 相对于 A_j 的重要程度判断值。a_{ij}一般取 1，3，5，7，9 这 5 个等级标度，其意义为：1 表示 A_i 与 A_j 同等重要；3 表示 A_i 较 A_j 重要一点；5 表示 A_i 较 A_j 重要得多；7 表示 A_i 较 A_j 更重要；9 表示 A_i 较 A_j 极端重要。而 2，4，6，8 表示相邻判断的中值，当 5 个等级不够用时，可以使用这几个数值。

以矩阵形式表示为判断矩阵 $\boldsymbol{A}$：

$$\boldsymbol{A} = \begin{pmatrix} \frac{w_1}{w_1} & \cdots & \frac{w_1}{w_n} \\ \vdots & \ddots & \vdots \\ \frac{w_n}{w_1} & \cdots & \frac{w_n}{w_n} \end{pmatrix}$$

显然，对于任何判断矩阵都满足：

$$a_{ij} = \begin{cases} 1, & i = j \\ \frac{1}{a_{ij}}, & i \neq j \end{cases} \quad (i, j = 1, 2, \cdots, n)$$

因此，在构造判断矩阵时，只需写出上三角(或下三角)部分即可。

(4)层次单排序。层次单排序的目的是对于上层次中的某元素而言，确定本层次与之有联系的元素重要性的次序。它是本层次所有元素对上一层次而言的重要性排序的基础。

每一行元素的乘积 $M=a_{11}\times a_{12}\times a_{13}\times\cdots$；

计算 M 的 n 次方根 $W^* = \sqrt[n]{M}$；

若取权重向量 $\boldsymbol{W}=[w_1, w_2, \cdots, w_n]^T$，则有：$\boldsymbol{AW}=\lambda w$。

式中，λ 是 $\boldsymbol{A}$ 的最大正特征值；那么 $\boldsymbol{W}$ 是 $\boldsymbol{A}$ 的对应于 λ 的特征向量。从而层次单排序转化为求解判断矩阵的最大特征值 λ_{max}和它所对应的特征向量，就可以得出这一组指标的相对权重。

为了检验判断矩阵的一致性，需要计算它的一致性指标：

$$CI = \frac{\lambda_{max} - n}{n - 1}$$

当 CI =0 时，判断矩阵具有完全一致性；反之，CI 的值愈大，则判断矩阵的一致性就愈差。

为了检验判断矩阵是否具有令人满意的一致性，则需要将 CI 与平均随机一致性指标 RI 进行比较，见表 4-2。一般而言，1 阶或 2 阶判断矩阵总是具有完全一致性的。对于 2 阶以上的判断矩阵，其一致性指标 CI 与同阶的平均随机一致性指标 RI 之比，称为判断矩阵的随机一致性比例，记为 CR。一般地，当 $CR=\frac{CI}{RI}<0.10$ 时，我们就认为判断矩阵具有令人满意的一致性；否则，当 $CR\geqslant 0.10$ 时，就需要调整判断矩阵，直到满意为止。

表 4-2　平均随机一致性指标 RI

阶数	1	2	3	4	5	6	7	8
RI	0	0	0. 58	0. 90	1. 12	1. 24	1. 32	1. 41
阶数	9	10	11	12	13	14	15	
RI	1. 45	1. 49	1. 52	1. 54	1. 56	1. 58	1. 59	

(5)一种改进的层次分析法。构建判断矩阵 **A**(**A** 为互反矩阵)

$$\begin{array}{c} \\ C1 \\ C2 \\ C3 \end{array}\begin{array}{c} \begin{array}{ccc} M1 & M2 & M3 \end{array} \\ \begin{pmatrix} 1 & 3 & 4 \\ 1/3 & 1 & 2 \\ 1/4 & 1/2 & 1 \end{pmatrix} \end{array}$$

计算矩阵 **B**，$\boldsymbol{B}=\lg(\boldsymbol{A})[b_{ij}=\lg(a_{ij})]$。若 **A** 是互反矩阵，则 **B** 是传递的；若 **B** 是传递的，则 $\boldsymbol{A}=10^{\boldsymbol{B}}$ 是一致的；

若存在传递矩阵 **C**，使得 $\sum_{i=1}^{n}\sum_{i=1}^{n}(C_{ij}-b_{ij})^2$ 最小，则称 **C** 为 **B** 的最优传递矩阵；

若 **B** 是反对称阵，则 **B** 的最优传递矩阵 **C** 满足：$C_{ij}=\frac{1}{n}\sum_{k=1}^{n}(b_{ik}-b_{jk})$。

所以，若 **A** 是互反矩阵，则 $\boldsymbol{B}=\lg\boldsymbol{A}$，**C** 为 **B** 的最优传递矩阵，那么 $\boldsymbol{A}^*=10^{\boldsymbol{C}}$ 则为 **A** 的一个一致阵。用方根法求出 $\boldsymbol{A}^*$ 的特征向量 **W**，并采用归一算法求出各指标的权重，即可获得各指标的权重。

根据上述各方法的特点分析，本次研究选取德尔菲法与层次分析法相结合的方法确定评价指标体系的权重和主要指标的评价方法。层次分析法基于柳成洋等的文献。

4.5.2 评价指标体系的设计原则

评价指标体系的设计原则应该遵循规范化原则。规范化原则必须遵守科学性与实用性、完整性和可操作性、系统性相统一的原则，概括起来有以下几个原则。

(1)综合性原则。指标体系应能够全面反映待评对象的综合情况，应能从技术水平、技术效益、社会效益三方面进行评价，充分利用多学科知识及学科间的交叉和综合知识，以保证综合评价的全面性和可靠性。

(2)科学性原则。力求客观、真实、准确地反映被评价对象的“先进性”。有些指标虽然目前没有办法进行量化，但与综合评价关系较大，仍可以作为建议指标提出。

(3)系统性原则。要能充分反映评价内容的成熟性、先进性、与市场对接的有效性、预期经济效益、对社会可持续发展的作用、对未来海洋能开发利用的作用和预期社会效益的各项指标，并注意抓住其中的主要因素。

(4)可行性原则。评价指标应有明确的含义并以一定的现实统计资料作为基础，尽可能进行定量分析。同时，指标项目要适量，内容应简洁，适合实际，方法可行。在满足有效性的前提下，尽可能清晰简便。

(5)静态评价与动态评价相结合的原则。有的评价指标受科学技术发展和水平等要素的制约，对评价内容的要求会随着工业技术的发展和社会的发展而不断变化。在评价中，既要考虑到被评价对象的现有状态，又要考虑到其未来的发展趋势。

(6)不相容原则。评价项目众多，应尽可能避免相同或含义相近的指标重复出现，做到简洁、概括并具有代表性。

4.5.3 评价指标体系的建立

“海洋能开发利用标准体系”评价指标体系包括基础性指标体系和必要性指

标体系。基础性指标体系主要评价“海洋能开发利用标准体系”的前瞻性、可行性、可持续性指标；必要性指标体系主要评价“海洋能开发利用标准体系”的技术水平、经济效益、社会效益指标。以此构建相应的评价指标体系，如图 4-7 所示。

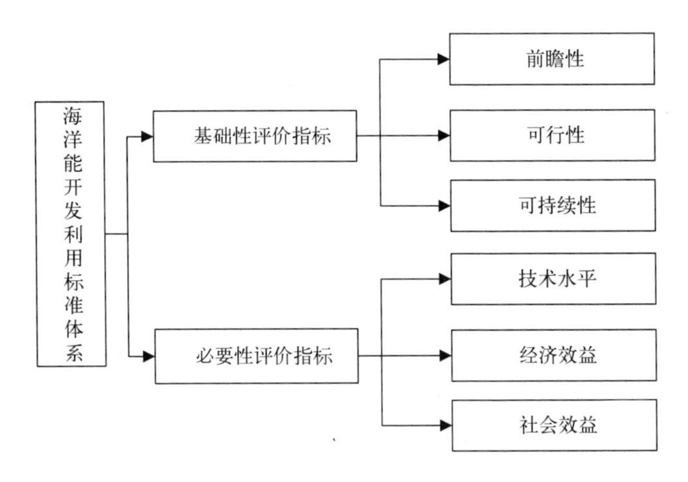

图 4-7　评价指标体系分析简图

4.5.3.1　评价指标体系基础性指标

评价指标体系基础性指标主要包括前瞻性、可行性、可持续性。

1)“海洋能开发利用标准体系”的前瞻性

2020 年以前，海洋能开发在减少碳排放领域很难发挥太大的作用。为快速推动全球或区域海洋能技术的发展，近年来，国际海洋能组织制定了海洋能发展规划，对国家海洋能技术的发展起到了很好的推动作用。但是，目前唯一实现完全可控运行的海洋能技术只有潮汐电站，一些波浪能和潮流能技术即将达到商业化样机阶段，全球 30 多个国家正在开发超过 100 种不同类型的海洋能发电技术，形成了多项技术成果。围绕着高质量信息、较强的沟通、有效的组织及经验分享 4 个关键要素，我国目前已经发布了《海洋能开发利用标准体系》(HY/T 181)，体系内包括关于海洋能发电装置的多项标准，且已制定或在拟定中，因此要提升我国海洋能发电装置的技术水平，首先需要对“海洋能开发利用标准体系”进行前瞻性分析，其涵盖的指标如下。

- 该标准体系涵盖海洋能领域的技术难题或行业热点问题；

- 该标准体系对我国海洋能产业的整体推动作用；
- 该标准体系在国内或国际的领先程度。

2)“海洋能开发利用标准体系”的可行性

(1)“海洋能开发利用标准体系”的可行性要关注技术的通用性。技术通用性是指在“海洋能开发利用标准体系”中技术层面可以相互依托的程度。从技术的发展历程来看，不同技术间经历了由高到低，再由低到高的通用过程。在海洋能开发利用的初期，科研的重点注重解决能量转换、发电效率等性能指标，为此进行了大量的理论研究与仿真，此时海洋能开发利用技术的通用性是相似的。但是，随着科研及海洋能利用的深入，为进一步提高发电效率，形成了多种样式的海洋能发电装备，并完成了相应的技术攻关，仅波浪能发电装备就包括“海蛇”、振荡浮子、“鹰式”等多种类型，此时技术的通用性进一步降低。在海洋能产业领域，为了保证产业的规模及标准化程度，需要再次对技术的通用性进行约束，在成本与收益之间进行协调。

(2)“海洋能开发利用标准体系”的可行性要关注标准推广的必要性。海洋能技术尚处于初期阶段，为推动我国海洋能产业标准转化，需要将标准转化的推广必要性作为一个评价指标。

(3)“海洋能开发利用标准体系”的可行性要关注管理的风险。管理风险是由于“海洋能开发利用标准体系”制定过程中不科学、不合理所带来的风险。主要表现在海洋能产业当前标准的管理、决策、协调的风险。

因此，“海洋能开发利用标准体系”可行性涵盖的指标如下。

- “海洋能开发利用标准体系”的技术通用性；
- “海洋能开发利用标准体系”的推广必要性；
- “海洋能开发利用标准体系”的管理风险。

3)“海洋能开发利用标准体系”的可持续性

随着海洋能发电装置实际应用的迅速发展，必须加强对相关社会和环境影响的重视，竞争性用海及环境、生态因素都会影响海洋能发电装置应用地点的选择。2011 年 11 月，欧洲离岸可再生能源转化平台协调行动计划公布的《欧洲离岸可再生能源路线图》提出，“评估目前离岸可再生能源利用的状况和计划对环境的影响，制定整个欧洲的许可与授权的法律规定，确保环境可持续发展路线”。因此，要处理好海域使用现状、保护海洋生态与发展海洋能之间的关系，在海洋能标准化分析中涵盖的指标如下。

- 调整海洋能发电装置的产业结构，促进节能和海洋能资源结构优化；
- 改善安全和健康问题；
- 保护环境。

4.5.3.2 评价指标体系必要性指标

评价指标体系的必要性指标主要包括技术水平、经济效益、社会效益。

1)“海洋能开发利用标准体系”的技术水平

“海洋能开发利用标准体系”编制过程中应该明确标准所处的技术水平。国际电工委员会(IEC)的海洋能——波浪能、潮流能和其他水流能转换装置标准化技术委员会(IEC/TC 114)已完成制定14项标准，EMEC也已公布12项海洋能发电装置的标准，涉及系统设计、并网发电等领域。近年来，我国在海洋能专项资金的支持下，开展了一系列标准的研究和制定工作，完成了4项海洋能开发利用标准和海洋能发电入网的框架结构设计。为保证海洋能发电装置国际标准向国内标准转化的先进性，应该首先明确国际标准所处的技术水平，并与当前国内的标准相比较，优先选择技术水平高的标准作为转化对象。

所以，在国际标准转化之初，要考虑标准的成熟性与先进性，着重考虑：

- 该标准体系与当前海洋能技术的紧密性；
- 该标准体系对海洋能战略规划的支撑性；
- 该标准体系对未来海洋能技术的推动性。

2)“海洋能开发利用标准体系”的经济效益

由于海洋能开发利用技术目前尚处于发展初期阶段，装机容量相对较小，即使在2050年以前海洋能产业一直按着预期的较好的商业化水平发展，也起码要到2030年才能达到有影响的规模。波浪能、潮流能以及其他海洋能开发利用技术要实现经济有效运行，需要足够规模的运行和基础设施，但是随着经验的不断积累，海洋能开发利用技术将稳步提升。技术进步将降低成本，提高效率，降低运行和维护要求，提高利用率。所以，要评价"海洋能开发利用标准体系"对未来海洋能经济的推动作用，需着重考虑以下方面。

- 该标准体系与地方相关产业标准的配合；
- 该标准体系对规模化海洋能发电的支撑；
- 该标准体系促进海洋经济的发展；
- 该标准体系提升海洋能行业的国际竞争力。

3)"海洋能开发利用标准体系"的社会效益

"海洋能开发利用标准体系"的推广可以促进新能源的利用，实现能源供给的海陆互补，减轻沿海经济发达地区及能耗密集地区的常规化石能源供给压力；以多种能源共同维持我国未来能源的可靠供给，从而保障我国能源安全和经济社会的可持续发展，有利于发展低碳经济及节能减排目标的实现。并且，利用海洋能发电装置可为军事设施提供清洁能源，对我国能源安全具有重大的现实意义和深远的战略意义。因此"海洋能开发利用标准体系"的社会效益应包括如下的评价指标。

- 推动发展循环经济；
- 保障国家安全的作用；
- 间接经济效益。

4.5.4 评价指标体系

在总体指标体系框架的基础上，按照层次分析法思想，将"海洋能开发利用标准体系"的评价体系分为目标层、准则层、要素层和指标层 4 个层次。

目标层："海洋能开发利用标准体系"的整体分析；

准则层：用来表征"海洋能开发利用标准体系"评价的 3 个方面，包括技术水平、经济效益和社会效益；

要素层：用来表征体现每一个准则层的细化要素，具体描述见准则层指标；

指标层：将各种要素指标进一步细化为更直接、更具体的指标。

最终形成"海洋能开发利用标准体系"评价指标体系，见表 4-3。

表 4-3 “海洋能开发利用标准体系”评价指标体系

目标层	准则层	要素层	指标层	获取途径
“海洋能开发利用标准体系”评价指标体系	基础性评价指标（R1）	前瞻性（R11）	• 该标准体系涵盖海洋能领域的技术难题或行业热点问题（R111） • 该标准体系对我国海洋能产业的整体进步作用（R112） • 该标准体系在国内或国际的领先程度（R113）	调研
		可行性（R12）	• 该标准体系的技术通用性（R121） • 该标准体系的推广必要性（R122） • 该标准体系的管理风险（R123）	调研
		可持续性（R13）	• 调整海洋能结构，促进节能和海洋能资源结构优化（R131） • 改善安全和健康问题（R132） • 保护环境（R133）	调研
	必要性评价指标（R2）	技术水平（R21）	• 该标准体系与当前海洋能技术的紧密性（R211） • 该标准体系对海洋能战略规划的支撑（R212） • 该标准体系对未来海洋能技术的推动（R213）	调研、座谈会
		经济效益（R22）	• 该标准体系与地方相关产业标准的配合（R221） • 该标准体系对规模化海洋能发电的支撑（R222） • 该标准体系促进海洋经济的发展（R223） • 该标准体系提升海洋能行业的国际竞争力（R224）	调研
		社会效益（R23）	• 推动发展循环经济（R231） • 保障国家安全的作用（R232） • 间接经济效益（R233）	调研、座谈会

4.6 “海洋能开发利用标准体系”的评价指标体系应用

前面我们已经建立了“海洋能开发利用标准体系”的评价指标体系，选取了相应的评价指标，本节主要对该评价指标体系进行应用，对优化后的“海洋能开发利用标准体系”进行定量评价。

4.6.1 指标权重分析

层次分析法是一种多目标决策方法，把专家的智慧和理性分析结合起来，通过直接比较法，在很大程度上降低了不确定因素。因此，在确定各个层面的指标权重时采用该方法。判断矩阵是层次分析法工作的出发点，构建判断矩阵是最为关键的一步。德尔菲法能够集中专家的经验和意见，并不断地反馈和修改，得到比较满意的结果。因此，把德尔菲法与层次分析法结合起来，以更好地确定权重。

4.6.1.1 准则层判断矩阵的建立

任何系统分析都以一定的信息为基础。层次分析法的信息基础主要是人们对每一层各因素的相对重要性给出判断，这些判断用数值表示，写成矩阵就是判断矩阵。判断矩阵式层次分析法工作的出发点，按照前面介绍的德尔菲法的基本步骤，首先设计评价指标表格，为便于科学统计，采用1~9的标度法，即对比较的量值选取1，2，3，…，8，9和它们的倒数，其含义见表4-4。

表4-4 1~9标度法

标度	含义	标度	含义
9	两个元素相比，前者比后者极重要	1/9	两个元素相比，后者比前者极重要
8		1/8	
7	两个元素相比，前者比后者强烈重要	1/7	两个元素相比，后者比前者强烈重要
6		1/6	
5	两个元素相比，前者比后者重要	1/5	两个元素相比，后者比前者重要
4		1/4	
3	两个元素相比，前者比后者稍重要	1/3	两个元素相比，后者比前者稍重要
2		1/2	
1	两个元素相比，前者与后者同样重要	1	两个元素相比，后者与前者同样重要

在准则层(一级指标)的矩阵建立上，可按照表4-5，以对角线为界，只需填右上部分，因为判断矩阵式为逆对称矩阵。同时，行要素与列要素相比，行要素为前者，列要素为后者，依照1~9的标度分类，可得到准则层的权重判断矩阵。

表4-5 准则层的权重判断矩阵

	基础性评价指标(R1)	必要性评价指标(R2)
基础性评价指标(R1)	1	3
必要性评价指标(R2)	1/3	1

按照目前国内海洋能标准化的技术水平，海洋能标准化工作应该略偏重于基础性指标，因此在基础性指标与必要性指标之间按照1~9的标度分类的选择上

选取4，即基础性评价指标略重要于必要性评价指标。由此构建判断矩阵如下：

$$A=\begin{pmatrix}1 & 3\\ 1/3 & 1\end{pmatrix}$$

4.6.1.2 准则层指标权重的分析

根据前文所提及的“一种改进的层次分析法”，依据矩阵 $\boldsymbol{A}$，得到 $\boldsymbol{B}=\lg\boldsymbol{A}$：

$$B=\begin{pmatrix}0 & 0.477\\ -0.477 & 0\end{pmatrix}$$

计算矩阵 $\boldsymbol{C}$：

$$C_{ij}=\frac{1}{n}\times\sum_{k=1}^{n}(b_{ik}-b_{jk})$$

$$C=\begin{pmatrix}0 & 0.477\\ -0.477 & 0\end{pmatrix}$$

由此得到 $\boldsymbol{A}^{*}=10^{C}$，得到

$$A^{*}=\begin{pmatrix}1 & 3\\ 0.33 & 1\end{pmatrix}$$

用方根法求得特征向量为 $\boldsymbol{W}_1=1.732$，$\boldsymbol{W}_2=0.57$，归一化后可得 $\boldsymbol{W}=[0.75,0.25]$，即指标R1所占权重为0.75，指标R2所占权重为0.25。

4.6.1.3 评价指标体系各权重分析

海洋能开发利用标准体系评价指标体系中，分为目标层、准则层、要素层和指标层，按照“一种改进的层次分析法”，通过调研和座谈会等形式，分别对要素层和指标层的各项指标进行两两比较形成判断矩阵(见表4-6和表4-7)。

表4-6 要素层判断矩阵

	前瞻性(R11)	可行性(R12)	可持续性(R13)
前瞻性(R11)	1	2	2
可行性(R12)	1/2	1	3
可持续性(R13)	1/2	1/3	1

续表

	前瞻性(R11)	可行性(R12)	可持续性(R13)
技术水平(R21)	1	4	5
经济效益(R22)	1/4	1	3
社会效益(R23)	1/5	1/3	1

表 4-7 指标层判断矩阵

	R111	R112	R113	
R111	1	6	7	
R112	1/6	1	4	
R113	1/7	1/4	1	
	R121	R122	R123	
R121	1	8	9	
R122	1/8	1	4	
R123	1/9	1/4	1	
	R131	R132	R133	
R131	1	3	2	
R132	1/3	1	1/5	
R133	1/2	5	1	
	R211	R212	R213	
R211	1	1/5	1/6	
R212	5	1	1/7	
R213	6	7	1	
	R221	R222	R223	R224
R221	1	8	8	5
R222	1/8	1	2	3
R223	1/8	1/2	1	1/4
R224	1/5	1/3	4	1
	R231	R232	R233	
R231	1	5	3	
R232	1/5	1	1/4	
R233	1/3	4	1	

通过使用 Excel 的计算功能，计算得出要素层和指标层的各 $\boldsymbol{A}^*$ 矩阵的特征向量，分别如下。

(1)要素层：

R1X：(1.59，1.14，0.55)；

R2X：(2.71，0.91，0.41)。

(2)指标层：

R11X：(3.48，0.87，0.33)；

R12X：(4.16，0.79，0.30)；

R13X：(1.82，0.41，1.36)；

R21X：(0.32，0.89，3.48)；

R22X：(4.23，0.93，0.35，0.72)；

R23X：(2.47，0.37，1.10)。

采用归一算法后，可以得出“海洋能开发利用标准体系”评价指标体系权重，见表4-8。

表4-8 “海洋能开发利用标准体系”评价指标体系权重

目标层	准则层	要素层	指标层	获取途径
“海洋能开发利用标准体系”评价指标体系	基础性评价指标(R1)0.75	前瞻性(R11)0.48	• 该标准体系涵盖海洋能领域的技术难题或行业热点问题(R111)0.74 • 该标准体系对我国海洋能产业的整体进步作用(R112)0.19 • 该标准体系在国内或国际的领先程度(R113)0.07	调研
		可行性(R12)0.35	• 该标准体系的技术通用性(R121)0.79 • 该标准体系的推广必要性(R122)0.15 • 该标准体系的管理风险(R123)0.06	调研
		可持续性(R13)0.17	• 调整海洋能结构，促进节能和海洋能资源结构优化(R131)0.51 • 改善安全和健康问题(R132)0.11 • 保护环境(R133)0.38	调研
	必要性评价指标(R2)0.25	技术水平(R21)0.67	• 该标准体系与当前海洋能技术的紧密性(R211)0.07 • 该标准体系对海洋能战略规划的支撑(R212)0.19 • 该标准体系对未来海洋能技术的推动(R213)0.74	调研、座谈会
		经济效益(R22)0.23	• 该标准体系与地方相关产业标准的配合(R221)0.67 • 该标准体系对规模化海洋能发电的支撑(R222)0.15 • 该标准体系促进海洋经济的发展(R223)0.06 • 该标准体系提升海洋能行业的国际竞争力(R224)0.12	调研
		社会效益(R23)0.10	• 推动发展循环经济(R231)0.63 • 保障国家安全的作用(R232)0.09 • 间接经济效益(R233)0.28	调研、座谈会

4.6.2 “海洋能开发利用标准体系”的定量评价

在上述研究的基础上，为验证“海洋能开发利用标准体系”评价指标体系的实际操作性，本节以修改和完善的“海洋能开发利用标准体系”为样本，分析该标准体系的适用性。经过调研，设计表格(表 4-9)，由评判人员在表中画勾，然后由统计人员对指标进行统计，从而得出指标的隶属度。

表 4-9 “海洋能开发利用标准体系”评价指标体系的隶属度

序号	指标名称	专家 1	专家 2	专家 3	专家 4
1	R111	优	良	优	中
2	R112	中	优	中	差
3	R113	良	差	良	中
4	R121	良	良	优	优
5	R122	良	优	良	优
6	R123	中	优	中	良
7	R131	中	优	中	优
8	R132	优	中	优	良
9	R133	优	中	优	中
10	R211	优	中	优	良
11	R212	中	优	良	中
12	R213	优	良	中	中
13	R221	中	优	优	优
14	R222	优	优	优	良
15	R223	良	良	优	优
16	R224	良	优	中	差
17	R231	优	优	优	中
18	R232	良	优	优	中
19	R233	中	中	优	中

经过统计分析，可以得到表 4-10。

表 4-10 “海洋能开发利用标准体系”评价指标体系的隶属度统计

序号	指标名称	优	良	中	差
1	R111	0. 5	0. 25	0. 25	0
2	R112	0. 25	0	0. 5	0. 25

续表

序号	指标名称	优	良	中	差
3	R113	0	0. 5	0. 25	0. 25
4	R121	0. 5	0. 5	0	0
5	R122	0. 5	0. 5	0	0
6	R123	0. 25	0. 25	0. 5	0
7	R131	0. 5	0	0. 5	0
8	R132	0. 5	0. 25	0. 25	0
9	R133	0. 5	0	0. 5	0
10	R211	0. 5	0. 25	0. 25	0
11	R212	0. 5	0. 5	0	0
12	R213	0. 5	0. 25	0. 25	0
13	R221	0. 75	0	0. 25	0
14	R222	0. 75	0. 25	0	0
15	R223	0. 5	0. 5	0	0
16	R224	0. 25	0. 25	0. 25	0. 25
17	R231	0. 75	0	0. 25	0
18	R232	0. 5	0. 25	0. 25	0
19	R233	0. 25	0	0. 75	0

以前瞻性为例，前瞻性的矩阵子集 $\boldsymbol{A}_{R1}=[0.74,\ 0.19,\ 0.07]$，评价矩阵

$$\boldsymbol{R}_{R11}=\begin{pmatrix} 0.5 & 0.25 & 0.25 & 0 \\ 0.25 & 0 & 0.5 & 0.25 \\ 0 & 0.5 & 0.25 & 0.25 \end{pmatrix}$$

对前瞻性的评价 $\boldsymbol{B}_{R11}=\boldsymbol{A}_{R11}\times\boldsymbol{R}_{R11}=[0.4175,\ 0.22,\ 0.2975,\ 0.065]$，根据隶属度最大的原则，$\boldsymbol{B}_{R11}$的最大值为 0.417 5，因此“海洋能开发利用标准体系”在前瞻性的评价为优。其他要素层的评价矩阵如下：

$\boldsymbol{B}_{R12}=[0.4850,\ 0.4850,\ 0.030,\ 0]$；

$\boldsymbol{B}_{R13}=[0.5000,\ 0.0275,\ 0.4725,\ 0]$；

$\boldsymbol{B}_{R21}=[0.5000,\ 0.2975,\ 0.2025,\ 0]$；

$\boldsymbol{B}_{R22}=[0.6750,\ 0.0975,\ 0.1975,\ 0.0300]$；

$\boldsymbol{B}_{R23}=[0.5875,\ 0.0225,\ 0.3900,\ 0]$。

其他准则层的评价矩阵如下：

$\boldsymbol{B}_{R1}$ = [0.455 2，0.280 0，0.233 6，0.031 2]；

$\boldsymbol{B}_{R2}$ = [0.549 0，0.224 0，0.220 1，0.006 9]。

目标层的评价矩阵如下：

$\boldsymbol{B}_{R}$ = [0.478 7，0.266 0，0.230 2，0.025 1]。

综上，通过对“海洋能开发利用标准体系”的评价，结合层次分析法和专家评议，通过矩阵计算可以看出，修改与完善的“海洋能开发利用标准体系”在前瞻性评价、可行性评价、可持续性评价和经济效益评价为优，并且由矩阵 $\boldsymbol{B}_{R}$ 可以得出，“海洋能开发利用标准体系”最大值为 0.478 7，即总体评价为优。如果将“优”对应 100 分，“良”对应 90 分，“中”对应 80 分，“差”对应 60 分，那么修改和完善的“海洋能开发利用标准体系”的综合得分为

$$0.4787 \times 100 + 0.2660 \times 90 + 0.2302 \times 80 + 0.0251 \times 60 = 91.73 \text{ 分。}$$

5　我国海洋能开发利用标准战略研究

当今世界，信息技术更新换代速度越来越快，为了我国的海洋能开发利用标准不被淘汰，对海洋能开发利用标准的研究要紧跟国际热点，掌握海洋能开发利用标准的发展方向，不断调整与完善我国的海洋能开发利用标准发展路线，因此海洋能开发利用标准科研的一个重点工作就是进行海洋能开发利用标准的战略研究。本章主要对海洋能开发利用标准战略研究的重要性、研究需求、研究原则、研究目标和研究内容进行阐述。

5.1　我国海洋能开发利用标准战略研究的重要性

5.1.1　海洋能标准化战略是对海洋能开发利用的重要支撑

2013 年 3 月，国家发展和改革委员会发布了《战略性新兴产业重点产品和服务指导目录(2013)》。该目录涉及 7 个战略新兴产业、24 个重点发展方向和 125 个子方向，其中“高端装备制造产业”中提到了海洋能相关系统与装备。2016 年，国家发展和改革委员会更新发布了《战略性新兴产业重点产品和服务指导目录(2016)》，重新明确了 5 大领域 8 个产业，进一步细化到了 40 个重点方向和 174 个子方向，对海洋能发展提出了建设千瓦级潮汐能发电机组、300 kW 以上潮流能发电机组、百千瓦级新型波浪能发电机组，开发海洋能相关系统与设备，搭建海洋能海上试验场、海洋能综合检测中心、海洋动力环境模拟试验室等公共服务平台及相关配套设备。2016 年《全国海洋标准化“十三五”发展规划》中“重大工程”里提出“海洋标准化+海洋战略性新兴产业”的内容，要求完善海洋能开发利用标准体系，加快制定海洋能基础通用、发电装置等标准。由此可见，国家不仅把海洋能开发利用提升到了国家战略层面，还要求将海洋能标准化工作全面融合到海洋能开发利用环节，提升海洋能标准化工作的战略高度，实现海洋能标准化战略对海洋能开发利用发展的重要支撑。

5.1.2 海洋能标准战略研究有助于提升海洋能开发利用技术的国际竞争力

目前，ISO、IEC、EMEC 发布的海洋能标准，无论是标准数量还是标准内容都不足以支撑海洋能产业的发展。我国虽然在海洋能标准制定方面已经取得了一定的成果，但是我国的海洋能国家标准、行业标准的技术内容多数集中在资源调查与评价领域，同样无法满足海洋能开发利用技术发展的需要。在此基础上，通过开展海洋能标准战略研究，一方面为我国海洋能开发利用标准发展指明方向；另一方面也提升了当前海洋能标准的技术储备，在不断试验积累和海上应用示范的验证后，当海洋能标准技术发展相对成熟时，可以通过 IEC/TC114——波浪能、潮流能和其他水流能转换设备技术委员会或者 ISO/TC8——船舶与海洋技术委员会申请立项国际标准，实现海洋能标准国际化零的突破，从而提升我国海洋能开发利用技术的国际竞争力。

5.1.3 海洋能标准战略研究有助于应对国外技术壁垒限制

技术壁垒是指一个国家或一个地区为了保障区域的基本安全、人民利益、生态环境、产品质量等而开展的强制性或自愿性的技术保护措施。技术壁垒的产生一方面保障了当地区域的根本利益，但另一方面也限制了相应技术的交流与发展。我国海洋能开发利用技术的研发工作起步较晚，很多装置的关键技术、关键部件都需要从国外进口，一旦部分国家启用技术壁垒保护措施，将会在很大程度上限制我国海洋能开发利用产业的发展。海洋能标准是海洋能开发利用技术的高度凝练，开展海洋能标准战略研究，可以及时跟踪国际海洋能技术的动态，密切注意国际海洋能标准编制的主要内容，从国际海洋能标准立项之初就建立海洋能开发利用标准内容的技术壁垒预警机制，不定期地向国内海洋能从业单位和机构传达最新标准技术内容信息，不断调整我国海洋能标准制定的研究方向，紧跟国际海洋能开发利用技术的步伐，从而最大程度地降低因海洋能技术壁垒所带来的损失。

5.1.4 海洋能标准战略研究有助于形成产业同盟

标准的出现有助于减少产品的种类，扩大零部件的适用特性，提高生产效率，降低生产成本。通过开展海洋能标准的战略研究，可以总结归纳国内海洋能标准的主要内容，梳理不同研究单位、企业之间的共同需求，一定程度上有助于形成海洋能产业同盟，从而进一步扩大海洋能标准的影响力和技术实力。产业同盟所形成的标准，不仅可以对海洋能发电装置的性能进行统一的规定，而且在检验检测方法、包装、运输、防护等方面达成统一的共识，保障海洋能发电装置的产品质量，实现规模化制造，从而促进海洋能产业的发展。

5.2 我国海洋能开发利用标准战略研究需求

海洋能开发利用自资源评估开始至并网消纳结束，是一个完整的产业链条。在这个产业链条中，既需要国家、行业出台相应的国家标准、行业标准，也需要团体、企业出台相应的团体标准、企业标准来支撑，但就当前海洋能标准现状来说，海洋能国家标准、行业标准正在逐步完善，团体标准、企业标准却仍有很大欠缺。为了进一步摸清参与海洋能开发利用的机构、企业对海洋能产业发展标准的需求，我们汇总了咨询单位对海洋能标准建设的意见和建议。本次共咨询了海洋能从业机构、企业 22 个，收到的反馈建议见表 5-1[单位或企业所处产业链环节，前端(指涉海洋能产业的材料生产和研发等)、中端(指海洋能整机和输变电等辅助设备的制造等)、后端(指发电集团、用户、电力消费等)]。

由此可见，当前海洋能开发利用的从业单位或企业多处于产业链的前端或中端，后端的单位或企业较少，就产业结构上来说还需要不断地完善。在意见咨询内容上，多数单位或企业都关注装置设计、装置制造、装置测试及可靠性、海洋能综合利用方面，并多次强调了海洋能开发利用的标准建设应该与当前海洋能技术发展现状相统一。

表 5-1 海洋能开发利用标准需求调研建议或意见汇总

序号	建议或意见	提出建议或意见的单位或企业	单位或企业所处产业链节点位置
1	建议对海洋能装置建造、使用维护、拆解环节的生态、环境保护设定适当的要求，减少有害材料的使用；重点关注装置转换效率，同时应考虑可靠性及生存能力	高校 A	前端
2	海洋能技术产业化评价标准及评价规范研究；借鉴 IEC/TC 114 的海洋能相关规范，结合海洋平台和风电行业相关规范，考虑我国实际国情，制定海洋能国家标准和规范	高校 B	前端
3	中国近海风资源和海床条件不具优势，技术驱动风能、波浪能和潮流能向深水区发展。需建立针对深海的资源调查与评估、开发、示范应用和规模化等系列标准	高校 C	前端
4	建立海洋生物能利用及检测标准	科研机构 A	前端
5	建议开展海洋能转换装置术语标准的制定	科研机构 B	前端
6	建议开展海洋能电站设计导则标准的制定	科研机构 C	前端
7	加快潮流能发电装置制造、检验标准的制修订工作，抓紧出台关键零部件检验标准，完善产业化支撑条件，为应用和发展奠定基础；建议参照 IEC/TC 114 的标准布局分阶段开展相关编制工作，涉及术语、技术与项目发展的管理计划、装置性能的测试与评估、资源评估、设计与安全，包括可靠性与生存性、电气接口阵列与并网集成等标准的制定	科研机构 D	前端
8	无	企业 A	前端
9	建议在海洋能发电装置实际运营基础上开展标准研制工作	高校 D	前端
10	无	企业 B	前端、中端
11	推动海洋能发电装置生存能力强、投资收益率高	企业 C	前端、中端
12	现阶段海洋能标准制定对定型设计、装备制造、海上施工、性能测试、并网调试、运行维护、电网调度等方面设计内容较少，建议尽快推动波浪能装置设计、建造、运维等标准制定，完善海洋能产业体系建设	科研机构 E	前端、中端
13	实现国际接轨并与我国高端装备制造标准体系相协调；以专业划分为基础，与技术体系紧密结合；保持标准体系框架完整性，满足相关行业装备建设发展需要；坚持开放管理、动态完善；加强国家对海洋工程装备标准化活动的重视，加大标准研究、制修订经费的投入	企业 D	前端、中端
14	建议制定波浪能发电产业链标准及相关设计、建造、电厂运行管理和运维的标准	企业 E	前端、中端、后端

续表

序号	建议或意见	提出建议或意见的单位或企业	单位或企业所处产业链节点位置
15	建议开展潮流能发电机组、波浪能发电机组、潮汐能发电机组设计、可行性研究报告编制规程、海上风电制氢技术、海洋能开发环境保护评价等方面标准的制定	企业 F	前端、后端
16	无	企业 G	中端
17	建议加强海上波浪能发电装置建造规范编制	企业 H	中端
18	建议开展海洋能发电机组基本技术条件标准的制定	企业 I	中端
19	建议开展波浪能发电技术相关规范标准的制定	高校 E	中端
20	目前急需制定正确的、统一的效率测试和计算标准，这是推进海洋能发电产业化发展的关键之一。建议制定潮流能(或其他形式的海洋能)转换为机械能的转换装置效率测试方法和计算方法；建议海洋能标准制定应关注资源开发利用率	高校 F	中端
21	建议制定海洋能产业化开发利用，海上风能与波浪能联合开发集成，漂浮式海上风电技术研发及海洋牧场融合发展，海洋能综合利用浮动式平台研发领域的标准	科研院所 F	中端、后端
22	现阶段潮流能发电尚未有统一的技术规范标准，企业 J 实施的××潮流能示范工程建设项目均按照海上风电相关标准执行，考虑到潮流能发电与风力发电的差异性，建议制定符合潮流能研发技术的标准	企业 J	后端

5.3 我国海洋能开发利用标准战略研究原则

我国海洋能开发利用标准的战略研究应该从当前海洋能开发利用技术及海洋能产业实际情况出发，充分总结和归纳国际标准和国外先进标准的技术内容和发展方向，坚持装置研发与产业应用相结合，坚持政府引导与企业主导相结合，坚持自主创新与国际引进相结合，同时借鉴其他可再生能源产业标准发展经验，逐步完善海洋能开发利用标准体系，提出未来 3~5 年海洋能标准发展建议，继续推动海洋能开发利用标准的制定工作，同时开展国内海洋能产业发展标准需求分析，提出海洋能开发利用技术由示范应用向产业推广转变过程中亟须的海洋能产业发展标准框架，为海洋能开发利用产业的健康发展提供标准支撑。

5.4 我国海洋能开发利用标准战略研究目标

5.4.1 逐步完善海洋能开发利用标准体系

海洋能开发利用标准体系是海洋能行业制定和修订标准的顶层指导文件，现行的《海洋能开发利用标准体系》(HT/T 181)规定了资源评估、装置测试、电站建设等内容，尚缺少目前急需的储能与多能互补、电力评估、离网/并网等标准框架内容，所以为了进一步推动海洋能产业的发展，使海洋能开发利用标准体系能全面覆盖海洋能产业的各项分支，需要首先对原海洋能开发利用标准体系进行研究与完善。

5.4.2 及时跟踪国际海洋能标准现状

我国海洋能开发利用活动起步较晚，海洋能开发利用技术在一定程度上还需要借鉴国外相关技术，在海洋能开发利用标准方面，EMEC 和 IEC 都出版了一些关于海洋能开发利用的国际标准，并且 IEC 每年都会对已发布的标准进行更新或修订。比如，2019 年 IEC 更新了《海洋能——波浪能、潮流能和其他水流能转换装置　第 1 部分：术语》，修改了 2.92 潮流能、2.93 潮流能转换装置、2.100 波浪能、2.101 波浪能转换装置 4 条术语，并且添加了海洋能转换装置、海流能、海流能转换装置等 5 条术语。另外，2019 年 IEC 出版的《IEC 62600—40：2019 海洋能——波浪能、潮流能和其他水流能转换装置——第 40 部分：海洋能转换装置声学特性》中提出了测量海洋能发电装置声学特性的方法，该方法在国内海洋能行业中还没有使用。通过对国际海洋能标准进行跟踪，可以紧跟国际海洋能标准的发展动态，也可以为国内海洋能的开发利用拓宽技术方向。

5.4.3 加快制定国内海洋能开发利用标准

目前国内现行海洋能国家标准及行业标准共计 20 余项，加上正在研制或刚立项的标准也仅 30 项左右，远远不能满足海洋能产业发展的需要。纵观现行的国内海洋能标准，多数集中在基础性标准、资源评估标准等标准体系的前端领域，涉及海洋能发电装置检测、并网发电、电力评估、电站建设等后端海洋能应用领域的标准较少，不足以支撑海洋能开发利用由技术向经济的转变，因此进行海洋能标准战略研究时，需要对海洋能标准的制定加大宣传，加快推动，使得海洋能开发利用标准体系中各子框架的标准明细得以补充，从而在海洋能产业发展的进程中，各项技术、检测、评估方法有据可依。

5.4.4 关注海洋能发电装置的可靠性、生存性

海洋能资源丰富的海域往往都是环境比较恶劣的海域。当前的海洋能发电装置更多地是关注发电效率的测试和关键技术的迭代更新，在装置的可靠性、生存性上的研究较少，多数还处于数值模拟的阶段，缺少示范验证的环节，难以直接应用到海洋能工程建设方面。《装备可靠性工作通用要求》(GJB 450A)在军工领域对装备的可靠性工作项目要求、可靠性设计与分析、可靠性试验与评价等进行了规定，所以在当前海洋能发电装置可靠性研究的起步阶段，开展我国海洋能发电装置的可靠性、生存性标准研究，一方面可以借鉴军工装备的可靠性标准进行剪裁加以应用；另一方面可以参照国际海洋工程的可靠性标准进行适用性分析加以引进。

5.5 我国海洋能开发利用标准战略研究内容

在我国海洋能开发利用标准战略研究过程中，应该聚焦海洋能标准验证平台建设、海洋能发电的储能多能互补与电力的二次应用、海洋能开发利用的绿色清洁生产、海洋能发电装置检测与测试标准规范、阵列式海洋能发电装置应用示范等技术方向，具体内容如下。

5.5.1 海洋能标准验证平台

我国海洋能资源分布不均匀，海洋能装置的研发实力不平衡，海洋能装置的制造能力不一致，导致海洋能从业机构、单位的试验水平、标准技术内容的验证

结果存在偏差。另外在国际海洋能标准引进过程中，首先，需要对国际标准所涉及的技术内容进行国内适用性分析与验证；其次，急需一个标准化的海洋能技术验证平台。目前，威海国家浅海试验场已建设完成，开展了部分试验工作。舟山潮流能试验场、万山波浪能试验场的建设工作也相继展开，初步搭建完成了海洋能标准的验证平台。在海洋能标准战略研究中，需要持续跟进国内外海洋能试验场的建设进程，了解最新的测试设备和测试标准，不断补充我国海洋能试验场建设的标准规范内容，从而搭建起完整的、统一的、通用的海洋能开发利用标准验证平台。

5.5.2 海洋能发电的储能、多能互补与电力的二次利用

传统意义上的海洋能发电仅仅是把海洋能先转换为机械能，再将机械能转换为电能，最后以电能的形式加以利用。由于海洋环境恶劣多变，在传统海洋能发电模式下，发电时间、发电功率和电能质量都在不断波动，海洋能发电的利用时间得不到保障，即使是采用蓄电池充电的方法储存电力，也要解决蓄电池容量的问题，从而降低了海洋能发电的经济效益。为解决此类问题，目前国内外已在海洋能发电应用环节开展了一些研究，比如采用多能互补的方式如风能、太阳能、海洋能共同形成独立电力系统，几种能源相互补充产生源源不断的电力；或者如EMEC 开展的海洋能发电的电能电解水产生氢项目，通过建立海洋能发电制氢工厂，将不宜存储的电能转化为易存储的氢能。在当前形势下，海洋能标准也需要关注海洋能开发利用的储能、多能互补、电能的二次利用，甚至在某些特殊情况下，开展小型的海洋能发电装置为军事装备供电等方面的标准战略研究。

5.5.3 海洋能开发利用的绿色清洁生产

2020 年初，国家发展和改革委员会与司法部共同印发的《关于加快建立绿色生产和消费法规政策体系的意见》，指出“推行绿色生产和消费是建设生态文明、实现高质量发展的重要内容”。海洋能本身作为一种绿色能源，在海洋能开发利用环节更应该体现绿色、健康、循环、低碳的能源特点，在资源利用环节加强海洋能发电装置生态环境影响评价、液压油存储、废水废弃物排放、材料喷涂等方

面环境保护类标准的战略研究，同时也需要开展海洋生物多样性保护、海洋能电站人文社会影响评估方面标准的战略研究，从环境、生物、人文、社会多个方面共同保障海洋能开发利用环节的绿色与清洁。

5.5.4 海洋能发电装置检测与测试标准规范

目前的海洋能发电装置检测与测试标准严重不足，甚至行业内部尚无统一的海洋能转换效率计算标准，导致每个研发机构的发电效率计算结果都不相同，发电效率的声明得不到认可，产业转化难度大。为解决这一问题，海洋能标准的战略研究首先从最根本的海洋能开发利用产业标准需求出发，从底层建立与完善统一的海洋能开发利用标准，再进一步规范整个行业海洋能发电装置的检测与测试方法，使得每一类型的海洋能发电装置的发电效率是在同一标准内容下进行计算得出的结果，这有利于有技术转化需求的企业进行分析和选择，进而推动海洋能产业的快速发展。

5.5.5 阵列式海洋能发电装置应用示范

海洋能发电装置实际布放时需要考虑海域使用、海底线缆铺设、周围海水养殖及海上航道的影响，由于我国海洋能资源平均可利用密度较低，多数海洋能发电装置的发电功率仅为20%左右，如果一块海域仅布放一台海洋能发电装置，不仅海域资源浪费严重，而且所带来的经济效益也很微小。阵列式海洋能发电装置的出现，将大大提高单位面积内的海域使用率，整体解决了海底线缆的铺设问题，提高了海洋能资源的利用率。但就目前情况来看，阵列式海洋能发电装置的布放标准、环境影响标准、阵列式模型的试验标准都还是空白，需要在海洋能标准制定中予以补充和完善。

6 我国海洋能开发利用标准发展的建议与对策

海洋能作为一种战略性新兴可再生能源，自我国 2010 年设立海洋可再生能源专项资金项目以来得到了快速的发展，目前波浪能、潮流能装置已相对成熟，部分发电装置的技术指标已达到国际先进水平。在此基础上开展海洋能标准化工作建设，可以扩大海洋能发电规模，提升海洋能发电技术，从而进一步推动海洋能产业的发展。本章主要对海洋能开发利用标准发展的建议与对策进行阐述。

6.1 2019 年海洋能标准发展状况

2019 年是海洋能开发利用标准迅速发展的一年。在这一年中 IEC 更新和出版了 5 项海洋能标准，我国海洋能开发利用也有完成立项、送审、报批的标准。

6.1.1 2019 年 IEC 海洋能标准发展状况

2019 年，IEC 更新和出版了 5 项海洋能标准。

(1) IEC/TS 62600—1：2019 海洋能——波浪能、潮流能和其他水流能转换装置——第 1 部分：术语；

(2) IEC/TS 62600—20：2019 海洋能——波浪能、潮流能和其他水流能转换装置——第 20 部分：海洋能转换装置温差能设计和分析——一般导则；

(3) IEC/TS 62600—40：2019 海洋能——波浪能、潮流能和其他水流能转换装置——第 40 部分：海洋能转换装置声学特性；

(4) IEC/TS 62600—300：2019 海洋能——波浪能、潮流能和其他水流能转换装置——第 300 部分：河流能转换装置——电力性能评估；

（5）IEC/TS 62600—301：2019 海洋能——波浪能、潮流能和其他水流能转换装置——第 301 部分：河流能资源评估。

6.1.2　2019 年我国海洋能标准发展状况

全国海洋标准化技术委员会海域使用及海洋能开发利用分技术委员会（SAC/TC 283/SC 1）2019 年海洋能行业标准如下。

（1）申请立项标准 2 项。

行业标准：半潜式波浪能发电装置设计规范。编制单位：中国科学院广州能源研究所。

行业标准：潮流能、波浪能发电装置海试过程控制规范。编制单位：国家海洋技术中心。

（2）完成送审稿标准 5 项。

国家标准 计划编号：20184587—T—418 潮流能发电装置功率特性现场测试方法。编制单位：国家海洋技术中心。

国家标准 计划编号：20184588—T—418 海洋能电站发电量计算技术规范 第 1 部分：潮流能。编制单位：国家海洋技术中心。

国家标准 计划编号：20184589—T—418 海洋能电站发电量计算技术规范 第 2 部分：波浪能。编制单位：国家海洋技术中心。

国家标准 计划编号：20184590—T—418 海洋能电站选址技术规范 第 1 部分：潮流能。编制单位：国家海洋技术中心。

国家标准 计划编号：20184591—T—418 海洋能电站选址技术规范 第 2 部分：波浪能。编制单位：国家海洋技术中心。

（3）完成报批稿标准 1 项。

行业标准 计划编号：201610025—T 潮流能发电装置研制的技术要求。编制单位：国家海洋技术中心。

（4）在研标准 3 项。

行业标准 201810028—T 振荡体式波浪能发电装置室内测试试验方法。编制单位：国家海洋技术中心。

行业标准201810029—T 振荡水柱式波浪能发电装置室内测试试验方法。编制单位：中国海洋大学。

行业标准201710047—T 海洋能发电装置技术评估 第1部分：评估方法。编制单位：国家海洋技术中心。

(5)国际海洋能标准引进。目前已完成国际海洋能标准转化1项，正在转化国际海洋能标准6项。其中国家海洋技术中心负责《IEC/TS 62600—1 海洋能——波浪能、潮流能和其他水流能转换装置——第1部分：术语》和《IEC/TS 62600—101 海洋能——波浪能、潮流能和其他水流能转换装置——第101部分：波浪能资源评估及特征描述》转化为国家标准的引进工作，目前IEC/TS 62600—1已完成引进并转化为国家标准《GB/T 37551—2019 海洋能——波浪能、潮流能和其他水流能转换装置：术语》，IEC/TS 62600—101已完成送审稿编制工作。

6.2 当前我国海洋能标准存在的问题

虽然我国海洋能标准化进程正在快速推进，并且已经完成制定了一批国家、行业、团体的海洋能开发利用标准，但是也应该看到，目前海洋能标准还存在标准体系不够完善、国际影响力较低的问题。

6.2.1 海洋能标准体系有待完善

海洋能开发利用是一个系统化的工程，涉及机械、电子、工程和海洋学等多个领域，在目前海洋能开发利用标准体系上，我国海洋能标准在资源评估、发电装置测试上已经发布了一些标准，但是在海洋能电站建设及装置应用方面的标准还是空白。比如，在电站建设之初需要包括海洋能发电装置电能质量测试、并网发电、电厂设计、运行维护、安全等多方面的技术标准和规范予以支撑。在当前海洋能领域中，国内现行的海洋能电厂建设标准仅有海洋能电站技术经济评价和海洋波浪能电站环境条件要求两项标准[《海洋能电站技术经济评价导则》(GB/T 35724—2017)、《海洋波浪能电站环境条件要求》(GB/T 36999—2018)]，在国际上，EMEC发布的12项海洋能标准、IEC发布的14项海洋能标准也均没有海洋能电厂建设的相关内容，远远不能满足海洋能电厂建设的需要。相对于其他行业，在风电领域中，国内已建立了相对完善的风电场建设标准体系，涵盖风电场预可行报告编制、风电场地质勘查、风电场并网设计、风电场施工组织、风电场运行及指标评价、风电场检修等多个领域；在光伏发电领域，国家能源局公布了39项光伏发电已发布标准和在研标准，包括光伏关键部件设计鉴定与定型、光伏发电站接入电力系统技术规定、光伏发电站接入电网检测、光伏电站并网性能测试与评价方法、光伏发电站无功补偿技术规范等。所以为了补充完善海洋能开发利用标准体系，下一步需要在海洋能发电技术水平的基础上，借鉴风电、光伏等新能源电厂建设标准的制定经验，逐步开展海洋能电厂建设标准框架和相应技术标准的编制，优先推动海洋能电厂设计类、电能质量测试类、电厂验收类、电厂运行检修类、电厂运行评价类、电厂环境保护类标准的制定，为海洋能电厂的建设提供标准支撑。

6.2.2 海洋能标准数量远远不足

前面已经介绍，当前我国海洋能的国家标准及行业标准多数集中在资源调查与评估领域，而在装置测试评价、电站建设、环境保护方面的标准较少，现行的海洋能工程项目中采用的标准，多数参照风电、水电行业的标准执行，建设过程中不可避免地遇到风电、水电专业与海洋能专业间标准的差异与不同，出现标准引用和技术内容剪裁的不统一问题。虽然目前团体标准的兴起已经适当地缓解了此类矛盾，但是总地来说，团体标准在行业整体内部的被认可力度还很有限，需要将成熟的团体标准上升到行业标准或国家标准，在装置测试、电站建设、环境保护等领域开展标准的制定或国际标准的引用，不断补充我国海洋能开发利用标准体系的具体内容，从而在标准层面促进海洋能产业的快速发展。

6.2.3 海洋能标准国际化活动有待提高

《海洋可再生能源发展“十三五”规划》中指出“支持海洋能技术走出去”和服务“一带一路”的战略要求。在海洋能标准“走出去”方面，目前国内共发布国家标准及行业标准21项，完成引进国际标准1项，正在引进国际标准5项，尚无国内海洋能标准转化为国际标准。归其原因是我国已发布的海洋能标准的技术方向多集中在基础性术语和资源评估评价两个方面，与国际上已发布的海洋能标准有一定的技术重叠性，在申请国际标准立项过程中技术优势不突出。另外，受国际形势影响，我国在申请国际海洋能标准立项环节中，很难获得多数成员的赞成票。

6.3 海洋能标准发展建议

针对上述问题，为加快我国海洋能开发利用标准的建设，建议重点开展以下几个方面的海洋能标准化工作，逐步健全海洋能开发利用标准体系和相应的标准内容，为海洋能产业的发展提供标准支撑。

6.3.1 修订与完善海洋能开发利用标准体系

海洋能开发利用标准体系作为海洋能标准制定的顶层文件，需要不断地修订与完善，以满足当前海洋能技术和产业化发展的需要。修订和完善海洋能开发利用标准体系，一是要修订与完善标准的计划和原则；二是要摸清我国海洋能技术发展现状，海洋能装置在研制、测试环节的技术特点，预估未来海洋能产业化的发展方向和发展规模，构建海洋能产业化标准子体系；三是要研究国内外海洋能标准的结构、内容和特点，梳理已出版的现行国内海洋能标准涵盖的技术内容以及发展动向，采用横向、纵向比对研究的方法，找出当前我国海洋能开发利用标准体系的不足和亟须完善的技术内容；四是要体现海洋可再生能源发展“十三五”规划及其他相关战略规划的要求，使海洋能开发利用的产业化发展与标准体系的建设相互协调、相互促进和补充，形成有机的整体。

6.3.2 大力推动海洋能标准的制修订工作

(1)海洋能标准化从业人员应该加大海洋能标准的宣传工作，摸清当前海洋能开发利用活动中对标准的迫切需求，积极协调具有海洋能标准编写意向的单位和企业，组织具有标准编写经验的人员共同参与海洋能标准的制定工作。在每年度自然资源部下达标准制修订计划后，加快海洋能标准的申报工作，从源头环节提升海洋能标准申报数量。

(2)在技术层面成立海洋能标准技术委员专家库，在相关单位、企业编制海洋能标准时提供标准框架结构、标准技术内容、标准指标验证等咨询服务，充分发挥专家优势，提升海洋能标准的技术水平。

(3)对在研的海洋能标准定期进行监督与检查，了解标准编制过程中承担单位遇到的问题和困难，并及时给予解决意见，避免标准编制时间超期超时，在末端环节提升海洋能标准的时效性。

6.3.3 提升我国海洋能标准的国际影响力

(1)加快国际标准“引进来”。继续推进开展国际海洋能标准“引进来”工作，对 EMEC、IEC/TC 114 已发布的海洋能国际标准进行翻译、校对以及国际标准引进国内的适用性分析工作，遴选适合我国海洋能技术现状的国际标准优先进行引进和转化；推动国内标准“走出去”。

(2)继续推动国内海洋能标准“走出去”工作。在标准立项方面优先立项国际海洋能的热点技术和管理领域，提升我国海洋能标准的技术实力；规划成立国内海洋能标准化联盟，充分发挥国内海洋能技术联盟优势申报国际标准，提升我国海洋能标准的国际影响力；开展国际间海洋能标准合作，推进海洋能标准“一带一路”服务支撑工作，借助中国-东盟海上合作基金等项目，建立中国-东盟海洋能标准化合作机制，借助国内海洋能技术特点和标准成果为东盟国家的海洋能开发利用提供支持。同时分析东盟国家在海洋能开发利用技术和标准化方面的优势，为我国海洋能标准化工作提供借鉴和指导，最终联合东盟国家共同发布同时适用于中国、东盟的海洋能标准，落实对“一带一路”的服务和支撑工作。

6.3.4 建立健全海洋能标准奖励激励政策

海洋能作为战略性新兴产业，在产业雏形之初需要给予一定的奖励激励政策，推动海洋能标准化的发展。虽然在海洋能装置建造方面，国家已出台关于《能源领域首台(套)重大技术装备评定和评价的办法(试行)》降低税费，提供保险支持，但是在海洋能标准制定方面，国家奖励激励政策较少，多数标准制修订的奖励制度都是承担单位内部奖励激励政策，奖励激励的重视程度也因各单位的差异而不同，在一定程度上不适于海洋能标准制修订工作的推广与扩大。因此建议管理部门在国家或行业层面建立海洋能标准制修订的奖励激励政策，全面覆盖标准制修订承担单位的奖励激励制度，提升标准编写人员的积极性。

参考文献

杜航. 2012. 基于层次分析法的港口选址问题研究[J]. 中国水运(下半月), (04): 32-35.

国家海洋技术中心. 2016. 中国海洋能技术进展(2016)[M]. 北京: 海洋出版社.

国家海洋技术中心. 2017. 中国海洋能技术进展(2017)[M]. 北京: 海洋出版社.

国家海洋技术中心. 2018. 中国海洋能技术进展(2018)[M]. 北京: 海洋出版社.

洪生伟. 2010. 标准化管理[M]. 北京: 中国质检出版社.

李春田. 2010. 标准化概论[M]. 北京: 中国人民大学出版社.

柳成洋, 丁日佳. 2009. 科技成果转化为技术标准理论及方法[M]. 北京: 中国标准出版社.

麻常雷, 夏登文. 2017. 国内外海洋能进展及前景展望研究[M]. 北京: 海洋出版社.

王船崑, 卢苇. 2009. 海洋能资源分析方法及储量评估[M]. 北京: 海洋出版社.

王赓, 郑津洋. 2012. 氢能技术标准体系与战略[M]. 北京: 化学工业出版社.

夏登文. 2017. "十三五"海洋能开发利用战略研究[M]. 北京: 海洋出版社.

辛仁臣, 刘豪, 关翔宇. 2019. 海洋资源[M]. 北京: 化学工业出版社.

閻耀保. 2013. 海洋波浪能综合利用——发电原理及装置[M]. 上海: 上海科学技术出版社.

于华明, 刘容子, 鲍献文, 等. 2012. 海洋可再生能源发展现状与展望[M]. 青岛: 中国海洋大学出版社.

张先起, 梁川. 2005. 基于熵权的模糊物元模型在水质综合评价中的应用[J]. 水利学报, (9): 1057-1061.

张永清, 冯忠居. 2001. 用层次分析法评价桥梁的安全性[J]. 长安大学学报: 自然科学版, 021(003): 52-56.

张中华, 王海峰, 李拓晨, 等. 2016. 国际海洋能开发利用技术标准与规范研究[M]. 北京: 海洋出版社.

周守为. 2014. 中国海洋工程与科技发展战略研究: 海洋能源卷[M]. 北京: 海洋出版社.

附　件

附件 1　海洋能发电装置海试前关键过程质量控制管理文件(试行)[①]

第一章　总　则

第一条　本文件的“海洋能发电装置”只针对“波浪能发电装置”和“潮流能发电装置”，“海试”是指装置最终的海上试验。本文件适用于国家海洋可再生能源资金项目，其中工程示范类项目、产业化示范类项目应至少包含制造组装、陆地联调、海试大纲编写部分，研究与试验类项目应包含质量控制全过程，支撑服务类项目可依据具体情况进行选择。

第二条　本文件依据《中华人民共和国标准化法》、《中华人民共和国计量法》、《中华人民共和国产品质量法》和《中华人民共和国可再生能源法》等法律法规及国家海洋局相关规章制度和文件编制而成。

第二章　职责分配

第三条　国家海洋局科学技术司(以下简称“科技司”)是海洋能发电装置海试前关键过程质量控制的管理部门。

第四条　国家海洋局海洋可再生能源资金项目管理支撑机构(以下简称“海洋能管理支撑机构”)负责海洋能发电装置海试前关键过程质量控制的技术管理工作。必要时海洋能管理支撑机构委派专家对各发电装置海试前关键过程进行监

① 《海洋能发电装置海试前关键过程质量控制管理文件及技术要求》是本书作者作为主要参与人编写的技术文件。该技术文件的目的是为统一海洋能发电装置研制的质量标准，于 2015 年由国家海洋局科技司颁布实施。部分行业标准、团体标准和企业标准的编制可以将此文件内容作为参考资料。

督检查。

第五条 项目承担单位负责海试前各关键过程应达到的技术和管理要求的准备，并组织审查会。

第三章 关键过程质量控制流程

第六条 项目承担单位负责海试前各关键过程和管理条件的准备，相关材料须报海洋能管理支撑机构。

第七条 项目承担单位负责组织评审，可采用会议或现场评审的形式，评审资料应包括试验大纲和试验报告。

第八条 评审前，项目组应告知海洋能管理支撑机构，必要时海洋能管理支撑机构派专家到现场监督检查。

第九条 评审应给出明确结论，并将评审结论报海洋能管理支撑机构，海洋能管理支撑机构将资料汇总后报送科技司，评审结论作为最终验收依据。

第四章 关键过程质量控制管理程序

关键过程质量控制管理程序见附图 1。

第五章 关键过程质量控制技术要求

第十条 海洋能发电装置海试前关键过程应包含数值模拟、模型试验、制造组装、陆地联调、海试大纲编写，其技术要求应分别符合《潮流能发电装置海试前关键过程质量控制技术要求(试行)》和《波浪能发电装置海试前关键过程质量控制技术要求(试行)》。

第六章 海试前关键过程管理

第十一条 海试前各关键过程由专家监督。

第十二条 项目承担单位组织海试前评审。

第十三条 评审结果上报海洋能管理支撑机构，海洋能管理支撑机构报科技司。

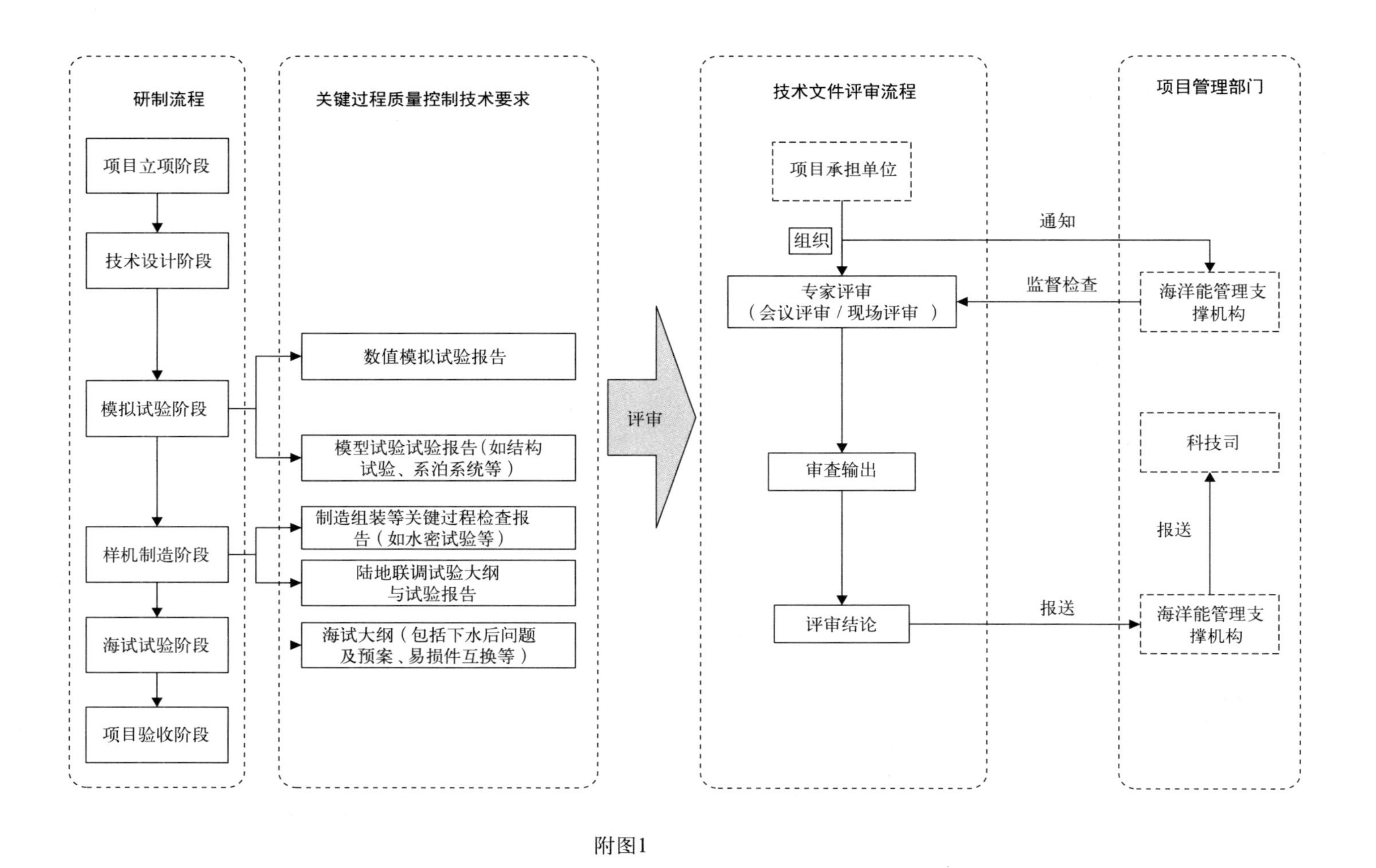
研制流程
项目立项阶段
技术设计阶段
模拟试验阶段
样机制造阶段
海试试验阶段
项目验收阶段
关键过程质量控制技术要求
数值模拟试验报告
模型试验试验报告（如结构试验、系泊系统等）
制造组装等关键过程检查报告（如水密试验等）
陆地联调试验大纲与试验报告
海试大纲（包括下水后问题及预案、易损件互换等）
评审
技术文件评审流程
项目承担单位
组织
专家评审（会议评审/现场评审）
审查输出
评审结论
项目管理部门
通知
监督检查
海洋能管理支撑机构
科技司
报送
报送
海洋能管理支撑机构

附图1

附件2　潮流能发电装置海试前关键过程质量控制技术要求(试行)

第一章　总　则

第一条　本文件只针对潮流能发电装置，“海试”是指装置最终的海上试验。本文件适用于国家海洋可再生能源资金项目，其中工程示范类项目、产业化示范类项目应至少包含制造组装、陆地联调、海试大纲编写部分，研究与试验类项目应包含质量控制全过程，支撑服务类项目可依据具体情况进行选择。

第二条　本文件依据《中华人民共和国标准化法》、《中华人民共和国计量法》、《中华人民共和国产品质量法》和《中华人民共和国可再生能源法》等法律法规及国家海洋局相关规章制度和文件编制而成。

第三条　国家海洋局科学技术司(以下简称“科技司”)是潮流能发电装置海试前关键过程质量控制的管理部门。

第四条　国家海洋局海洋可再生能源资金项目管理支撑机构(以下简称“海洋能管理支撑机构”)负责潮流能发电装置海试前关键过程质量控制的技术管理工作。专家对各潮流能发电装置海试前关键过程进行监督检查。

第二章　关键过程的技术要求

第五条　数值模拟

潮流能发电装置研制时应做数值模拟，主要包括装置的结构和发电性能的数值模拟，用于潮流能发电装置的模拟分析。

第六条　结构的数值模拟

应开展如下的模拟，并具有相应的报告。

(1)开展构型设计、水动力性能和结构性能的数值模拟分析。

(2)开展结构强度、振动、疲劳性能的数值模拟分析。

(3)开展几何相似和重力相似的模拟分析，与稳定性有关的模型试验还应进行质量、重心相似的模拟分析。

(4)开展在不同海况下的数值模拟分析，浮动式潮流能发电装置应开展锚系系统的载荷数值模拟，坐底式潮流能发电装置应开展支撑结构载荷数值模拟。

(5)开展设计极限海况下载荷工况和装置设计生命周期的疲劳载荷工况模拟分析。

第七条 发电性能的数值模拟

应开展如下的模拟，并具有相应的报告。

(1)开展在不同流速下动力输出装置(PTO)阻力特性数值模拟分析。

(2)开展潮流能发电效率的数值模拟分析，主要流向应至少在±10°方向内变化。

(3)开展发电性能数值模拟分析，绘制发电功率曲线与发电效率曲线。

第八条 模型试验

潮流能发电装置研制时应开展模型试验，主要包括结构和发电性能的模型试验，用于数值模拟的验证及模型样机性能分析。

第九条 模型试验的一般要求

(1)物理模型尺寸应根据实际需要选择，但比例不得小于1∶30。

(2)使用的仪器仪表应具有有效的检定或校准证书。

(3)在把模型试验结果推广应用于样机性能分析时，要对模型试验的尺度效应和池壁效应进行修正并提供稳定的拖曳运动以及准确的相对运动速度。

第十条 结构的模型试验

应开展如下的测试，并具有测试记录和报告。

(1)开展构型设计、水动力性能和结构性能分析的验证试验。

(2)开展几何相似和重力相似的验证试验，与稳定性有关的试验还应进行质量、重心相似的验证试验。

(3)开展在不同海况下的试验，浮动式潮流能发电装置应开展锚系系统的载荷数值验证，坐底式潮流能发电装置应开展支撑结构载荷数值验证试验。

第十一条 发电性能的模型试验

应开展如下的测试，并具有测试记录和报告。

(1)开展潮流能动力输出装置(PTO)阻力特性试验。

(2)开展潮流能发电效率分析，主要流向应至少在±10°方向内变化。

(3)开展发电性能试验，绘制发电功率曲线与发电效率曲线。

第十二条 制造组装

研制样机时应符合制造组装要求，主要包括材料与工艺、零部件、主体结构、机械设备、电气设备、叶轮室内测试、发电机的室内测试以及控制部分室内测试等，用于制造组装过程中的质量控制。

第十三条 制造组装的材料与工艺

应开展如下的测试，并具有测试记录和报告。

(1)材料应适应预安放的海洋环境，进行夹芯材料抗压强度、涂料流平性、耐磨性及表面粗糙度测试。

(2)焊接应进行射线(RT)、超声(UT)、磁粉(MT)或渗透(PT)等无损探伤检查(NDT)，焊缝外观质量检查，焊接质量检查和评定应符合海上平台或船舶行业相关技术规范。

(3)材料和部件应进行防腐蚀、防生物附着和盐雾测试。

第十四条 制造组装的零部件

(1)电气部件

主要包括接触器、电机保护开关、传感器、控制柜等，应根据仪器设备生产制造的要求进行安全性、可靠性、功能性和环境适应性等方面的测试，主要测试项目应包括高低温测试、防护等级测试、电气绝缘测试、过载能力测试、效率测试、防盐雾测试、负载特性测试和动态特性测试等。

(2)机械部件

主要包括轮毂、锚系、浮体、导流罩、变桨系统、变流器、齿轮箱、叶片成品和密封圈等，应根据机械部件生产制造的相关标准及要求进行安全性、可靠性、功能性和环境适应性等方面的测试，主要测试项目应包括振动测试、噪声测试、静载测试、密封性能测试、润滑分配性能测试、油液成分分析、冷却散热能力测试、焊缝表面探伤检查、超声波探伤检查和材料强度测试等。

第十五条 制造组装的主体结构

应开展如下的测试，并具有测试记录和报告。

(1)装置结构和材料、尺寸、制造、布置和安装等各方面与批准的图纸、图表、说明书、计算书和其他技术文件相符。

(2)装置制造的主要过程如构件尺寸、焊接质量、防腐处理等检查。

(3)装置舱室结构的检查，确认装置主体结构的完整性。

(4)装置舱室的舱壁结构试验、渗漏试验、冲水试验或其他代替试验。

(5)锚泊和系泊设备安装后的检查和试验。

(6)浮动式装置主尺度、载重线标志、水尺及浮动式装置的其他标志齐全、清晰的检查。

(7)浮动式装置进行倾斜试验，试验前对装置状态进行检查、试验后进行评估。

第十六条 制造组装的机械设备

应开展如下的测试，并具有测试记录和报告。

(1)机械设备持有规范要求的产品合格证或证件。

(2)机械设备的布置、安装和工艺等各方面符合批准的图纸、图表、说明书、计算书和其他技术文件。

(3)管路制造、安装均进行检查和试验：包括车间的强度试验和安装后的密封性试验，泵系、管系安装后的功能试验。

(4)对机械设备如液压系统、发电机组、锚机、装置的控制系统等安装后的检查和功能试验。

第十七条 制造组装的电气设备

应开展如下的测试，并具有测试记录和报告。

(1)电气设备持有规范要求的产品合格证书或证件。

(2)电气设备如发电机、电动机、电缆、控制柜的布置、安装和工艺等各方面符合图纸、图表、说明书、计算书和其他技术文件。

(3)电气设备如发电机、电动机、电缆、控制柜等安装后检查和试验。

(4)控制器控制功能的检查和试验。

(5)应急操作系统的检查和试验。

(6)装置内的通信系统和报警系统的检查和试验。

(7)电气设备的接地检查。

(8)发电量的累计。

第十八条　制造组装的叶轮室内测试

应开展如下的测试，并具有测试记录和报告。

(1)转轮动作试验。

(2)桨叶变桨控制试验。

第十九条　制造组装的发电机的室内测试

应开展如下的测试，并具有测试记录和报告。

(1)启动转矩试验。

(2)空载试验。

(3)负载、稳态参数测量、温升试验。

(4)振动、噪声测定试验。

(5)通风试验。

(6)发电机的电气系统的防水性能试验。

第二十条　制造组装的控制部分室内测试

应开展如下的测试，并具有测试记录和报告。

(1)功能性测试试验。

(2)安全系统测试试验。

(3)变流器和发电机匹配性能试验。

第二十一条　陆地联调

潮流能发电装置组装完成后应进行陆地联调，主要包括资料、电气性能、监控系统和整机的检查和测试，确保组装正确。

第二十二条　陆地联调的资料

应具备以下资料：

(1)装置制造商提供的技术规范及运行操作说明书、出厂试验记录及有关图纸和系统图。

(2)装置订货合同及技术文件、设备安装记录、监理报告以及其他图纸和资料。

(3)经审查通过的现场调试方案或调试大纲、安全措施及建设单位制定的各项安全制度。

(4)调试完成后应提交现场调试报告。

第二十三条 电气性能的陆地联调

应开展如下的测试，并具有测试记录和报告。

(1)检查机组主控系统、发电机系统等的接线是否正确。

(2)检查各控制柜之间动力和信号线缆的连接紧固程度是否满足要求。

(3)确认金属构架、电气装置、通讯装置和外来的导体的等电位连接与接地。

(4)检查充电回路是否工作正常。

(5)检查电缆外观是否完好无破损。

(6)检查绝缘水平和接地。

(7)检查各测量终端是否处于正常工作状态。

(8)确认控制器出厂前已调试完毕，各项参数符合相关机组控制与监测要求，各类测量终端调整完毕，符合机组相应测试和保护要求。

第二十四条 监控系统的陆地联调

应开展如下的测试，并具有测试记录和报告。

(1)检查主控制器与监控系统的通讯状态是否工作正常，观察主控制器与监控系统的通讯中断后的保护指令和故障报警状态。

(2)对发电装置进行手动和自动控制，观察监控系统监测的发电装置的运行状态与实际是否相符。

(3)通过监控系统远程操作机组，观察机组对控制指令的响应情况。

第二十五条 整机的陆地联调

将发电机机舱部分进行拖动试验，对功率特性、扭矩特性进行测试，并与轮毂部分在通电情况下进行通讯、安全链和运行测试，并具有测试记录和报告。

第二十六条 海试大纲编写

海试前应编制海试大纲，并经过项目承担单位评审，至少包括资源状况及环境、现场海试方案、拖行和投放方案、安全及保障措施和可维修性措施、海试计划、海试过程质量控制、海试结果改进等方面内容，提高海试的可行性，海试工作机构应具有相应资质。

第二十七条　海试大纲的资源状况及环境条件编写

应具有预安装试验海域的海洋动力环境资料，包括水文、气象、地质和灾害等方面。

第二十八条　海试大纲的现场海试方案编写

应至少包含以下方面：

(1)试验目的。

(2)试验项目，主要测试技术指标以及必需的环境参数。

(3)主要试验用测试仪器设备技术状态和数量，及其有效的检定或校准证书。

(4)试验方法，包括测量站点布设位置、测试及其数据处理方法以及作业方案。

第二十九条　海试大纲的拖行和投放方案编写

应至少包含布放海况条件要求、布放工具和布放步骤等方面。

第三十条　海试大纲的安全及保障措施编写

应至少包含以下方面：

(1)作业人员海上作业安全培训。

(2)具备海上安全作业措施。

(3)制定现场意外情况紧急处理预案。

第三十一条　海试大纲的可维修性措施编写

应有易损件的互换以及下水后故障估计及预案。

第三章　海试前关键过程管理

第三十二条　海试前各关键过程由专家监督。

第三十三条　项目承担单位组织海试前评审。

第三十四条　评审结果上报海洋能管理支撑机构，海洋能管理支撑机构报科技司。

附件3　波浪能发电装置海试前关键过程质量控制技术要求(试行)

第一章　总　则

第一条　本文件只针对波浪能发电装置，“海试”是指装置最终的海上试验。本文件适用于国家海洋可再生能源资金项目，其中工程示范类项目、产业化示范类项目应至少包含制造组装、陆地联调、海试大纲编写部分，研究与试验类项目应包含质量控制全过程，支撑服务类项目可依据具体情况进行选择。

第二条　本文件依据《中华人民共和国标准化法》《中华人民共和国计量法》《中华人民共和国产品质量法》和《中华人民共和国可再生能源法》等法律法规及国家海洋局相关规章制度和文件编制而成。

第三条　国家海洋局科学技术司(以下简称“科技司”)是波浪能发电装置海试前关键过程质量控制的管理部门。

第四条　国家海洋局海洋可再生能源资金项目管理支撑机构(以下简称“海洋能管理支撑机构”)负责波浪能发电装置海试前关键过程质量控制的技术管理工作。专家对各波浪能发电装置海试前关键过程进行监督检查。

第二章　关键过程的技术要求

第五条　数值模拟

波浪能发电装置研制时应做数值模拟，主要包括装置的结构和发电性能的数值模拟，用于波浪能发电装置的模拟分析。

第六条　结构的数值模拟

应开展如下的模拟，并具有报告。

(1)开展构型设计、水动力性能和结构性能的数值模拟分析。

(2)开展结构强度、振动、疲劳性能的数值模拟分析。

(3)开展几何相似和重力相似的模拟分析，与稳定性有关的模型试验还应进行质量、重心相似的模拟分析。

(4)开展在不同海况下的数值模拟分析，浮动式波浪能发电装置应开展锚系系统的载荷数值模拟，固定式波浪能发电装置应开展支撑结构载荷数值模拟。

(5)开展设计极限海况下载荷工况和装置设计生命周期的疲劳载荷工况模拟分析。

(6)开展在规则波和随机波作用下结构性能数值模拟分析。

第七条 发电性能的数值模拟

应开展如下的模拟，并具有报告。

(1)开展波浪能动力输出装置(PTO)阻力特性数值模拟分析。

(2)开展波浪能发电效率的数值模拟分析。

(3)开展发电性能数值模拟分析，绘制发电功率曲线与发电效率曲线。

第八条 模型试验

波浪能发电装置研制时开展模型试验，主要包括结构和发电性能的模型试验，用于数值模拟的验证及模型样机性能分析。

第九条 模型试验的一般要求

(1)物理模型尺寸应根据实际需要选择，但比例不得小于1∶30。

(2)使用的仪器仪表应具有有效的检定或校准证书。

(3)在把模型试验结果推广应用于样机性能分析时，要对模型试验的尺度效应和池壁效应进行修正。

第十条 结构的模型试验

应开展如下的测试，并具有测试记录和报告。

(1)开展构型设计、水动力性能和结构性能分析的验证试验。

(2)开展几何相似和重力相似的验证试验，与稳定性有关的试验还应进行质量、重心相似的验证试验。

(3)开展在不同海况下的试验，浮动式波浪能发电装置应开展锚系系统的载荷数值验证，固定式波浪能发电装置应开展支撑结构载荷数值验证试验。

(4)开展在规则波和随机波作用下结构性能验证试验。

第十一条 发电性能的模型试验

应开展如下的测试，并具有测试记录和报告。

(1)开展波浪能动力输出装置(PTO)阻力特性试验。

(2)开展波浪能发电效率分析。

(3)开展发电性能测试试验，绘制发电功率曲线与发电效率曲线。

第十二条 制造组装

研制样机时应符合制造组装要求，主要包括材料与工艺、零部件、主体结构、机械设备、电气设备、液压系统、发电机的室内测试以及控制部分室内测试等，用于制造组装过程中的质量控制。

第十三条 制造组装的材料与工艺

(1)材料应适应预安放的海洋环境，应开展夹芯材料抗压强度、涂料流平性、耐磨性及表面粗糙度测试。

(2)焊接应开展射线(RT)、超声(UT)、磁粉(MT)或渗透(PT)等无损探伤检查(NDT)，焊缝外观质量检查，焊接质量检查和评定应符合海上平台或船舶行业相关技术规范。

(3)材料和部件应进行防腐蚀、防生物附着和盐雾测试。

第十四条 制造组装的零部件

(1)电气部件

主要包括接触器、电机保护开关、传感器、控制柜等，应根据仪器设备生产制造的要求进行安全性、可靠性、功能性和环境适应性等方面的测试。主要测试项目应包括高低温测试、防护等级测试、电气绝缘测试、过载能力测试、效率测试、防盐雾测试、负载特性测试和动态特性测试等。

(2)机械部件

主要包括液压缸、锚系、水下阻尼板、浮力摆或振荡浮子、液压马达、蓄能器、功率转换器，密封结构和齿条传动系统等，应根据机械部件生产制造的相关标准及要求进行安全性、可靠性、功能性和环境适应性等方面的测试，主要测试项目应包括疲劳测试、振动测试、噪声测试、静载测试、密封性能测试、润滑分配性能测试、油液成分分析、冷却散热能力测试、焊缝表面探伤检查和超声波探伤检查等。

第十五条 制造组装的主体结构

应开展如下的测试，并具有测试记录和报告。

(1)装置结构和材料、尺寸、制造、布置和安装等各方面应与批准的图纸、图表、说明书、计算书及其他技术文件相符。

(2)装置制造的主要过程如构件尺寸、焊接质量、防腐处理等检查与试验。

(3)装置的舱室结构的检查，确认装置主体结构的完整性。

(4)装置的舱室的舱壁应进行结构试验、渗漏试验、冲水试验或其他代替试验。

(5)锚泊和系泊设备安装后的检查和试验。

(6)浮动式装置主尺度、载重线标志、水尺及浮动式装置的其他标志齐全、清晰。

(7)浮动式装置进行倾斜试验，试验前对装置状态进行检查，试验后进行评估。

第十六条 制造组装的机械设备

应开展如下的测试，并具有测试记录和报告。

(1)机械设备持有规范要求的产品合格证或证件。

(2)机械设备布置、安装和工艺等各方面符合批准的图纸、图表、说明书、计算书和其他技术文件。

(3)管路制造、安装均进行检查和试验：包括车间的强度试验和安装后的密封性试验，泵系、管系安装后的功能试验。

(4)对机械设备和系统，如液压系统、发电机组、锚机、装置的控制系统等安装后检查和功能试验。

第十七条 制造组装的电气设备

应开展如下的测试，并具有测试记录和报告。

(1)电气设备持有规范要求的产品合格证书或证件。

(2)电气设备，如发电机、电动机、电缆、控制柜的布置、安装和工艺等各方面符合图纸、图表、说明书、计算书和其他技术文件。

(3)电气设备，如发电机、电动机、电缆、控制柜等安装后检查和试验。

(4)控制器控制功能的检查和试验。

(5)应急操作系统的检查和试验。

(6)装置内的通信系统和报警系统的检查和试验。

(7)电气设备的接地检查。

(8)发电量的累计。

第十八条 制造组装的液压系统

应开展如下的测试，并具有测试记录和报告。

(1)单元件、单模块的测试。

(2)分系统的测试。

(3)液压系统的测试。

第十九条 制造组装的发电机的室内测试

应开展如下的测试，并具有测试记录和报告。

(1)启动转矩试验。

(2)空载试验。

(3)负载、稳态参数测量、温升试验。

(4)振动、噪声测定。

(5)通风试验。

(6)发电机的电气系统的防水性能试验。

第二十条 制造组装的控制部分室内测试

应开展如下的测试，并具有测试记录和报告。

(1)功能性测试试验。

(2)安全系统测试试验。

(3)变流器和发电机匹配性能试验。

第二十一条 陆地联调

波浪能发电装置组装完成时应进行陆地联调，主要包括资料、电气性能、液压系统、监控系统和整机的测试，确保组装正确。

第二十二条 陆地联调的资料

应具备以下资料：

(1)装置制造商提供的技术规范及运行操作说明书、出厂试验记录及有关图纸和系统图。

(2)装置订货合同及技术文件、设备安装记录、监理报告以及其他图纸和资料。

(3)经审查通过的现场调试方案或调试大纲、安全措施及建设单位制定的各项安全制度。

(4)调试完成后应提交现场调试报告。

第二十三条 电气性能的陆地联调

应开展如下的测试，并具有测试记录和报告。

(1)检查机组主控系统、发电机系统等的接线。

(2)检查各控制柜之间动力和信号线缆的连接紧固程度。

(3)检查各金属构架、电气装置和通讯装置等电位连接与接地。

(4)检查充电回路是否工作正常。

(5)检查电缆外观是否完好无破损。

(6)检查绝缘水平和接地。

(7)检查各测量终端是否处于正常工作状态。

(8)确认控制器出厂前已调试完毕，各项参数符合相关机组控制与监测要求，各类测量终端调整完毕，符合机组相应检测和保护要求。

第二十四条 液压系统的陆地联调

应开展如下的测试，并具有测试记录和报告。

(1)检查液压管路元件连接情况有无异常，调节各阀门至工作预定位置。

(2)检查液压油位是否正常，确认液压油清洁度满足工作要求。模拟触发液压油位传感器，观察机组停机过程和故障报警状态。

(3)检查传动润滑系统油位是否工作正常，启动传动润滑系统，观察润滑泵运行噪音、漏油情况，调节传动润滑系统，观察润滑故障信号触发时，机组故障报警状态。

(4)启动液压泵，观察液压泵旋转方向是否正确，检查系统压力、保压效果、噪音、漏油等情况。检查液压泵和管路衔接处，确保加压后回路无渗漏。触发液压压力传感器信号，检查机组停机过程和故障报警状态。

第二十五条 监控系统的陆地联调

应开展如下的测试，并具有测试记录和报告。

(1)检查主控制器与监控系统的通讯状态是否工作正常，观察主控制器与监控系统的通讯中断后的保护指令和故障报警状态。

(2)对发电装置进行手动和自动控制，观察监控系统监测的发电装置的运行状态与实际是否相符。

(3)通过监控系统远程操作机组，观察机组对控制指令的响应情况。

第二十六条 整机的陆地联调

用传动动作机构带动能量俘获系统模拟波浪的运动，测试整套装置的安装、配合情况，计算能量转换效率等指标，验证整个系统的功能。选取一年中典型的波浪值、极限值进行模拟，对液压缸、发电机在不同工况下性能进行测试，并具有测试记录和报告。

第二十七条 海试大纲编写

海试前应编制海试大纲，并经过项目承担单位评审，至少包括资源状况及环境、现场海试方案、拖行和投放方案、安全及保障措施和可维修性措施、海试计划、海试过程质量控制、海试结果改进等方面内容，提高海试的可行性，海试工作机构应具有相应资质。

第二十八条 海试大纲的资源状况及环境条件编写

应具有预安装试验海域的海洋动力环境资料，包括水文、气象、地质和灾害等方面。

第二十九条 海试大纲的现场海试方案编写

应至少包含以下方面：

(1)试验目的。

(2)试验项目，主要测试技术指标以及必需的环境参数。

(3)主要试验用测试仪器设备技术状态和数量，及其有效的检定或校准证书。

(4)试验方法，包括测量站点布设位置、测试及其数据处理方法以及作业方案。

第三十条　海试大纲的拖行和投放方案编写

应至少包含布放海况条件要求、布放工具和布放步骤等方面。

第三十一条　海试大纲的安全及保障措施编写

应至少包含以下方面：

(1)作业人员海上作业安全培训。

(2)具备海上安全作业措施。

(3)制定现场意外情况紧急处理预案。

第三十二条　海试大纲的可维修性措施编写

应有易损件的互换以及下水后故障估计及预案。

第三章　海试前关键过程管理

第三十三条　海试前各关键过程由专家监督。

第三十四条　项目承担单位组织海试前评审。

第三十五条　评审结果上报海洋能管理支撑机构，海洋能管理支撑机构报科技司。